人与气候的
一"碳"再"碳"

王燕津 ◎ 主编

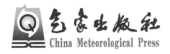

气象出版社
China Meteorological Press

内 容 简 介

　　本书是写给青少年的关于"气候变化"和"双碳"话题的科普读物。书中的内容将围绕气候变化、极端天气事件、碳达峰、碳中和等词语展开。为什么青少年及他们的朋友、家人们要了解这些话题呢？因为已经有确凿的证据显示，在未来的30年甚至更长一段时间里，气候变化给人类社会带来的影响将会超过互联网络带来的改变，我们未来的生活很可能会发生翻天覆地的变化，青少年们需要对可能的变化有所了解和思考。同时，本书也力求开拓一个更广阔的视野，帮助读者们突破局限，出乎其外，有所思考。愿在经历入与出的过程中，能激发出许许多多灵动的畅想，人类的未来应当归属于年少者们的创造。

图书在版编目（CIP）数据

　　人与气候的一"碳"再"碳" / 王燕津主编.
北京 ： 气象出版社，2024. 6. -- ISBN 978-7-5029
-8220-1
　　Ⅰ. P467-49
　　中国国家版本馆 CIP 数据核字第 2024N9X772 号

人与气候的一"碳"再"碳"
Ren yu Qihou de Yi "Tan" Zai "Tan"

出版发行：气象出版社

地　　址：北京市海淀区中关村南大街 46 号　　　　　　邮　　编：100081

电　　话：010-68407112（总编室）　010-68408042（发行部）

网　　址：http://www.qxcbs.com　　　　　　　　E - mail：qxcbs@cma.gov.cn

责任编辑：邵　华　宋　祎　　　　　　　　　　　终　　审：张　斌

责任校对：张硕杰　　　　　　　　　　　　　　　责任技编：赵相宁

封面设计：楠竹文化

印　　刷：北京建宏印刷有限公司

开　　本：787mm×1092mm　1/16　　　　　　　印　　张：6.5

字　　数：130 千字

版　　次：2024 年 6 月第 1 版　　　　　　　　　印　　次：2024 年 6 月第 1 次印刷

定　　价：38.00 元

　　本书如存在文字不清、漏印以及缺页、倒页、脱页等，请与本社发行部联系调换。

主编： 王燕津

成员： 谷凤芝　胡　玲　赵琬一

前 言

Preface

在过去的数年间，我们目睹了众多创新的发展与进步，它们极大地影响了我们对气候变化的理解。科学家们通过持续的研究与监测，揭示了全球变暖趋势的严峻性。温室气体排放，尤其是二氧化碳的排放，已被确认为主要的驱动因素之一。这些气体在大气中形成了一层"保温毯"，导致地球表面温度的持续上升。尽管温度的微小变化可能看似微不足道，但其对生态系统和人类社会所带来的影响却是广泛而深远的，包括海平面上升和极端天气事件的频繁发生。

海平面上升的问题尤为突出。随着冰川和冰架的融化，大量融水涌入海洋，使得沿海城市和岛屿面临被淹没的威胁。例如，马尔代夫这个由众多美丽岛屿组成的国家，正面临严峻的生存挑战。

极端天气事件的频率和强度也在不断增加。暴雨、洪涝、干旱和台风等灾害不断对人类的生活和财产造成巨大损失。这些极端天气不仅干扰了人们的日常生活，也对农业、交通和能源等关键领域产生了严重影响。联合国政府间气候变化专门委员会（IPCC）第六次评估报告（简称 IPCC AR6）指出，近四十年来（1980年代以来）全球强台风（飓风）占比增加，西北太平洋热带气旋达到最大风力时的位置向北移动。不考虑人类活动影响，仅考虑自然变率无法解释这些变化。人类活动对热带气旋降水增加做出了贡献。随着未来全球气候进一步变暖，全球强台风（飓风）占比、热带气旋最大风速和热带气旋降水很可能将增加，西北太平洋热带气旋达到最大风力时的位置可能进一步向北移动。

气候变化对生物多样性的冲击同样显著。许多物种正面临栖息地丧失、气候变化引发的迁徙难题以及食物链的中断。一些适应寒冷气候的物种可能因气温升高而失去生存空间，而一些依赖特定气候条件的动植物可能因气候的变化而难以繁衍，这对生态系统的稳定和人类的食物安全构成了巨大挑战。

然而，我们也见证了一些积极的进展。全球许多国家和地区已经采取行动，实施了一系列措施以减少温室气体排放。可再生能源，如太阳能、风能和水能，正在全球范围内得到越来越广泛的应用。这些清洁能源不仅减少了对传统化石燃料的依赖，还降低了温室气体的排放。此外，提高能源效率、改善交通运输系统以及推广电动汽车和优化公共交通等措施，也为减少碳排放做出了贡献。

科学家们还在积极探索应对气候变化的新方法。正在开发的碳捕获和储存技术，通过各种手段将二氧化碳从大气中捕获并封存起来，以降低大气中二氧化碳的含量。尽管这项技术目前还面临技术难题和成本问题，但随着研究的深入和技术的进步，它有望成为应对气候变化的重要手段之一。

全球范围内的合作和实际行动对于应对气候变化至关重要。政府在制定相关政策和法规方面发挥着关键作用，引导社会向低碳、环保的方向发展。企业也承担着重要的责任，通过技术创新和管理优化，减少自身的碳排放。我们每个人也需要从日常生活中的小事做起，比如减少能源消耗、选择低碳出行、支持环保产品等。

编者团队是有着气候变化的专业背景且长期从事地理教育工作的教师，求学阶段的专业背景让大家保持了对气候变化领域进展的关注，教学实践工作的经验又让大家深深地感受到气候变化研究进展正深刻地改变着学校教育中的一些知识与观念。编写本书的重要目的就是以气候变化与人类社会的关系为主线，组织内容，为气候变化教育提供助力。

本书第一章由北京东城区教育科学研究院王燕津编写，从不同的时空角度，对近年的极端天气事件进行了梳理，引入气候变化话题。第二章由北京市第十一中学地理教研室组长谷凤芝编写，对气候变化背后的原因进行探讨。第三章是人大附中航天城学校的胡玲老师编写，科普了科学家获取气候变化数据的方法。第四章由北京市第十一中学的赵婉一博士编写，探讨了历史上的气候变化与人类社会的变迁。第五章由胡玲、赵婉一、王燕津三位老师共同编撰，从不同侧面讨论了当下人类社会对气候变化的适应与应对。在此衷心感谢每一位编者的辛劳付出。

还要感谢中国气象学会的张伟民先生和钟鑫女士，为本书的编撰给予的大力支持。感谢气象出版社的责任编辑邵华女士，见证了本书从雏形到完成的全过程，一直陪伴在我们身边。感谢编辑宋祎、张硕杰为本书的辛勤付出。

最后衷心感谢的我们的良师益友孟胜修女士与方修琦先生，二十余载的守望相助。

编 者

目录

C o n t e n t s

第一章

极端天气我们都在经历

人们谈论最多的话题是天气，而这并非偶然。

——美国地理学家　埃尔斯沃斯·亨廷顿

1 高温炙烤的星球

公元 2023 年，农历癸卯年，这一年注定不凡。

2023 年 1 月 1 日，欧洲迎来了有史以来最温暖的新年（图 1-1）。西班牙毕尔巴鄂气温高达 25.1 ℃，比 1 月平均气温高了 10 ℃以上。波兰华沙气温达 18.9 ℃，此前最高纪录为 1993 年 1 月的 13.8 ℃；波兰的格武霍瓦济镇，凌晨 4 点气温就高达 18.7 ℃，比当地夏季平均最低温度还要高，比同期平均温度高出 15～18 ℃，成为有史以来同期最暖的一天。法国贝桑松气温为 18.6 ℃，打破 1918 年 1 月 16.8 ℃的纪录，法国 100 多个气象观测站温度突破纪录。从法国到德国、丹麦、捷克、荷兰、白俄罗斯、立陶宛和拉脱维亚的大片区域，温度异常高达 10 ℃以上。以往的新年，德国柏林的气温通常会在 0 ℃左右徘徊，2023 年新年柏林气温则高达 16 ℃，俨然是冬日如春。放眼整个欧洲，至少有 8 个国家记录到了有史以来最热的 1 月 1 日。2023 年伊始，大半个欧洲出现的种种迹象表明，越来越频繁和难以预测的极端天气仍将是人们谈论最多的话题。

温暖的新年不过是欧洲暖冬大剧中的一幕，创纪录的冬季高温正席卷着欧洲。2023 年 1 月 10 日，欧盟哥白尼气候变化服务局发布报告显示，2022 年是欧洲有记录以来第二热的年份。从 2022 年 12 月到 2023 年 1 月，欧洲多地创下高温纪录，法国、德国、西班牙、匈牙利等国不少地方经历了有记录以来最暖和的岁末年初，一些地方气温超过 20 ℃，令人"感觉像夏天"。西班牙气温突破了同期的历史最高纪录。波兰、丹麦、荷兰、白俄罗斯、捷克、西班牙、立陶宛和拉脱维亚等国在全国范围内创下高温纪录，德国、法国和乌克兰的部分

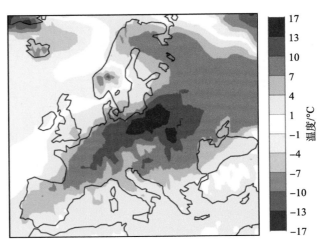

图 1-1　2023 年 1 月欧洲地区温度分布图

地区气温也打破纪录。

与冬日如春的欧洲相比，中国冬天的气温又如何呢？应该说，这个冬天中国地区的气温变化更富有戏剧性。人们最初的担忧是"今冬会不会更冷"，这缘起于 2022 年 10 月的一则预测，联合国世界气象组织（WMO）依据最新数据预计，始于 2020 年的拉尼娜现象将持续至 2022 年底，这将是 21 世纪首次出现的"三重"拉尼娜现象，即北半球出现连续 3 个拉尼娜冬季。

知识卡

拉 尼 娜

拉尼娜是西班牙语"La Niña"的音译，是"小女孩"的意思。气象学家用她指赤道太平洋东部和中部海表温度大范围持续异常变冷的现象，并伴有热带大气环流（即风、气压和降雨量）的变化（图 1-2）。

图 1-2 拉尼娜事件示意图

"三重"拉尼娜又意味着什么呢？历史资料显示，北半球出现连续两个拉尼娜冬季较为常见，但连续 3 个则不多见。在此之前，"三重"拉尼娜事件在近 40 年的观测中仅发生过两次，分别出现在 20 世纪 70 年代中期和 20 世纪 90 年代末。根据统计，20 世纪 50—80 年代，拉尼娜事件的秋冬季，我国共有 139 次冷空气过程，其中 34 次达到寒潮级别；1972/1973 年秋冬季的冷空气过程最多，有 24 次。20 世纪 90 年代至 2022 年 2 月，拉尼娜事件的秋冬季，我国共有 141 次冷空气过程，其中 27 次达到寒潮级别，2000/2001 年秋冬季和 2012/2013 年秋冬季的冷空气过程最多，有 23 次。

可见，以往的经验告诉我们，在多数拉尼娜事件出现的冬季，影响中国的冷空气活动比常年更加频繁，且强度偏强，中国大部分地区气温较常年同期偏低，大范围降水偏少。因此，人们很自然地将拉尼娜事件与"冷冬"联系在一起。

真实的 2022/2023 年冬季是偏暖还是偏冷呢？2023 年 3 月国家气候中心发布报告称，2022/2023 年冬季，全国平均气温为 -2.9 ℃，较常年同期偏高 0.2 ℃（图 1-3），且气温阶段性起伏大，呈现前冷后暖的状况。从时间分布上看，2022 年 12 月各旬气温均偏低，1 月上旬偏高 2.0 ℃。1 月中旬气温大幅度下降，风雨雪影响范围广，

1月下旬全国整体气温偏低0.8 ℃，局部地区出现极端低温，如1月22日黑龙江漠河市阿木尔镇劲涛气象站最低温度达到-53 ℃，刷新我国有气象记录以来历史最低气温值。2023年2月增温迅速，2月上旬气温偏高2.1 ℃（图1-4）。从空间分布上看，黑龙江北部、内蒙古东北部、新疆西部和北部、河北北部、贵州西部等地气温偏低0.5 ～ 2.0 ℃，全国其余大部地区气温接近常年同期或偏高，其中吉林中部、西藏大部、青海南部、四川西北部和西南部、云南西南部等地气温偏高1 ～ 2 ℃。

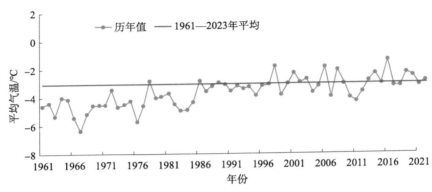

图1-3　1961/1962—2022/2023年冬季全国平均气温历年变化

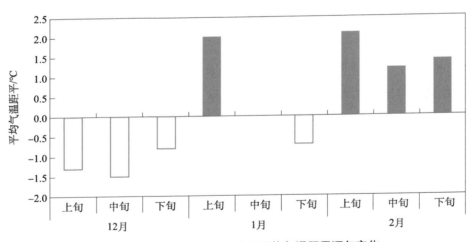

图1-4　2022/2023年冬季全国平均气温距平逐旬变化

同一时期，位于地球另一端的北美地区，2023年的开局天气又如何呢？2023年2月，一场冰火两重天的大戏在美国同时上演，冬季风暴和热浪同时袭击美国，美国南北地区的温差罕见地超过37.8 ℃。位于美国西部太平洋沿岸的加利福尼亚州（简称加州），以明媚的阳光和绵延无尽的海滩著称，然而2023年2月末，加州遭遇了一场罕见的暴雨和暴雪（图1-5）。强降雨、暴雪、强风等极端天气导致该地区超过12.6万户家庭断电。洛杉矶地区2月24日的强降雨突破纪录，与之相伴的还有50 ～ 70

英里^①每小时的强风。洛杉矶的山区则遭遇暴风雪，多地积雪达到2～6英尺^②厚。受雨雪影响，洛杉矶县多个道路临时封闭。2023年初，加州地区的极端冬季天气被认为是数十年来难得一见的现象。

图1-5 美国加利福尼亚州，洛杉矶的圣加布里埃尔山脉上空出现了风暴云和降雪

而与加州的严寒形成鲜明对照的是，2023年2月，位于美国东北部、中大西洋地区的华盛顿特区出现了创纪录的高温。据《华盛顿邮报》报道，当地时间2月23日，华盛顿特区的温度达到81 ℉（27 ℃），打破了1874年2月23日的纪录，此前的2018年，华盛顿特区气温在2月21日曾达到过80 ℉（略低于27 ℃）。

华盛顿的高温只是信号之一，美国东南部和东北部地区2月的温度异常偏高，呈现出了罕见的暖冬气候（图1-6）。多个州包括田纳西州、西弗吉尼亚州、佛罗里达州、佐治亚州、密西西比州、弗吉尼亚州、亚拉巴马州和北卡罗来纳州都记录下2月最高温的纪录，甚至有些地区的温度还创下了整个冬季的最高纪录。例如，佐治亚州的亚特兰大市在2月22日达到了81 ℉，创下了有记录以来该市2月的最高气温，同时也是冬季最高温。在田纳西州的纳什维尔市，2月23日下午的气温达到了84 ℉，与此前2月的最高温纪录持平。甚至一向以气候宜人著称的佛罗里达州的奥兰多市

图1-6 当地时间2023年2月23日，美国华盛顿特区每年4月开花的樱花树在提前盛开

也经历了连续炎热的一周，2月23—26日的最高温度都在88 ℉左右。此外，得克萨斯州（简称得州）2023年的冬天也出现了异常的温暖。2月22日，得州的麦克阿伦市记录了95 ℉（约35 ℃）的高温，并在得州猎鹰湖的某天达到了101 ℉（约38 ℃），这是当年美国首个华氏温度破百的记录。

以上很大的篇幅，只是选择世界范围内主要的地区，回顾了

---

① 1英里≈1.6093千米。

② 1英尺≈0.3048米。

知识卡

物候学

物候是指生物长期适应光照、降水、温度等条件的周期性变化，形成与此相适应的生长发育节律，这种现象称为物候现象，主要指动植物的生长、发育、活动规律与非生物的变化对节候的反应。

物候学是指研究自然界的植物（包括农作物）、动物和环境条件（气候、水文、土壤条件）的周期变化之间相互关系的科学。

中国物候学的奠基人

图 1-7　竺可桢

竺可桢（图 1-7）（1890—1974）浙江省绍兴县东关镇人，气象学家、地理学家、教育家，中国近代地理学和气象学的奠基者。1910 年公费留美学习，1918 年获得哈佛大学博士学位。1949 年 11 月中国科学院成立以后，竺可桢被任命为副院长、生物学地学部主任，1955 年选聘为中国科学院学部委员（院士），兼任生物学地学部主任。

2022/2023 年冬季的气温异常事件。 如果温暖如春的冬季不足以引发人们的关注，那接下来的夏季，整个北半球经历的高温炙烤，应足以让身处其中的每个人体会到气候变暖背景下，极端天气的可怖，而更令人焦虑的是这种异常天气正在成为生活的日常。

2023 年 6 月 15 日，欧盟气候监测机构哥白尼气候变化服务局称，6 月初的全球平均气温为有记录以来同期最高。时间快进到 7 月 3 日，美国国家海洋和大气管理局（NOAA）的数据显示，这一天成为地球上有记录以来最热的一天。根据缅因大学的分析数据，地球表面以上 2 m 的全球平均气温在 7 月 3 日达到 62.62 ℉（17.01 ℃），打破了 2022 年 7 月和 2016 年 8 月创下的 16.92 ℃（62.46 ℉）的纪录。

截至 2023 年 6 月 30 日，中国高温日数为历史同期最多。与常年同期相比，华北东部、华东北部、华南西部、西南地区南部及新疆南部、内蒙古西部等地偏多 5 ～ 10 天，局部地区偏多 10 天以上（图 1-8）。

局部地区的极端性高温天气过程更值得关注。例如，2023 年 6 月以来，中国华北高温日数显著偏多，多地频现极端高温。6 月 14—17 日和 6 月 21—30 日两次区域性高温过程主要影响华北地区。6 月 14—17 日，华北地区有 44 个国家站最高气温达到或超过 40 ℃，35 ℃ 及以上高温覆盖面积达 37.1 万 km²，其中 40 ℃ 以上 1.7 万 km²，影响人口超过 2 亿人。

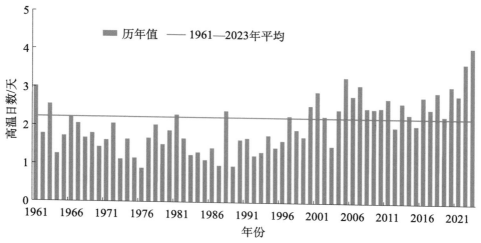

图 1-8 1 月 1 日至 6 月 30 日全国平均高温日数历年变化（1961—2023 年）

6 月 21—30 日，我国出现 2023 年第 4 次区域性高温过程。华北地区高温极端性强，北京汤河口（41.8 ℃）、天津大港（41.8 ℃）等 22 个站达到或突破历史极值，有 124 个国家站超过 40 ℃。22—24 日，北京南郊观象台连续 3 天气温达到或超过 40 ℃，城区高温时长超过 40 小时，22 日南郊观象台最高气温达 41.1 ℃。

近 10 年来（2014—2023 年），华北地区共发生 10 次区域高温过程。除了 2014 年和 2015 年外，近 10 年每年 6 月华北地区都有高温过程发生，但连续多次高温反复出现，实属历史之罕见。从多个指标综合来看，2023 年 6 月 21—30 日高温过程综合强度为当年以来最强，极端性也是近 10 年来 6 月最强。

2023 年夏季的高温炙烤是全球性的。入夏以来，北美多个国家遭遇极端高温。受干燥和高温影响，加拿大各地已发生数百起火灾，高温天气造成墨西哥 4 个州至少 30 人死亡，美国南部至中部地区 5000 多万人处在热浪之下。美国全国公共广播电台 6 月 25 日报道称，得克萨斯州多地气温在过去一周达到 46 ℃，高温导致大量居民供电中断。美国国家气象局天气预报中心最新消息显示，席卷美国南部平原和密西西比河下游河谷的危险高温可能至少持续至 7 月初，并有可能打破整个地区的高温纪录。

2023 年 6 月中旬，世界气象组织（WMO）和欧盟科学家联合发布报告称，欧洲去年（2022 年）的夏天是有记录以来最热的，造成了约 1.6 万人死亡，并且这类事件可能会变得越来越常见。2022 年 6—8 月，欧洲遭遇极端热浪侵袭，其中中欧、南欧和西欧受到的影响尤为明显，意大利、法国和英国等多地出现干旱；英国发布了该国史上第一个红色高温预警，并进入紧急状态；莱茵河水位创下历史新低。哥白尼气候变化服务中心主任卡洛·布恩坦波表示："不幸的是，这不能被认为是一次性事件或气候的反常现象。我们目前对气候系统及其演变的理解表明，这类事件是一种模式的一部分，这种模式将使该地区的极端高温更加频繁和强烈。"英国伦敦格兰瑟姆研究所的气候科学家保罗·塞皮也指出，根据冰芯、树木年轮、沉积物等气候数据研究发现，12.5 万年以来，地球上从未有过如此温暖的天气。2023 年 5 月世界气象组织也在预测报告中称 2023—2027 年这 5 年内至少有一年会打破 2016 年创下的高温纪录，这一概率达到 98%。影响 2023 年高温的一个重要因素是三重拉尼娜之后接踵而来的厄尔尼诺，而且此次的厄尔尼诺的强度也非同寻常。

知识卡

厄尔尼诺

厄尔尼诺现象，又称圣婴现象，是西班牙语"El Niño"的音译。厄尔尼诺现象是发生在热带太平洋海温异常增暖的一种气候现象，大范围热带太平洋增暖，会造成全球气候的变化，但这个状态要维持 3 个月以上才认定是真正发生了厄尔尼诺事件（图 1-9）。

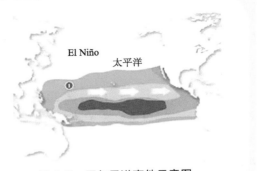

图 1-9　厄尔尼诺事件示意图

总而言之，全球各地区面对更严重、更频繁发生的极端事件的风险正在加剧。世界气象组织每年都会对上一年的全球气候状况作一份报告，报告通过一系列观测数据，让人们更完整地勾勒出过去一年地球所发生的改变。现在不仅是相关研究领域的科学家们要关注全球的气候变化，而且是每一个人都应当关心地球——人类唯一的家园时时刻刻所发生的改变，并思考我们该如何应对。

在世界气象组织发布的报告中，我们可能看到很多不熟悉的名词、计量单位，以及陌生的叙述方式，但一些基本的事实和这些事实之间的关联应当被清楚地知道。

首先，温室气体的浓度又一次达到新高，因为温室气体的增加造成全球的热量进一步增加（图 1-10）。其次，全球增加的热量绝大部分被海洋吸收，造成海洋温度持续突破纪录。目前，海洋温度可能已达到近千年来最高的水平。最后，大气和海洋温度的不断升高，会引发一系列更复杂的变化，例如陆地冰川的融化加剧，海平面上升速度加快，以及进一步触发许多极端天气事件。这些极端事件不仅限于诸如极端高温、热浪和严寒的气温异常，还包括洪水、暴雨、干旱、台风（飓风）等灾害事件，它们的发生都摆脱不掉全球气候变暖的背景，并且它们之间的相互关联更加复杂多变。

以上用大量详细的数据和具体的事件，而不是一句简单的、概括式的定义来讲述极端天气气候，最主要的目的就是想让本书的读者能够更切身地感受到当下地球正在

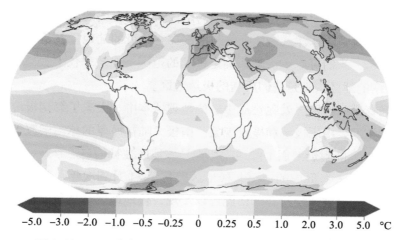

-5.0 -3.0 -2.0 -1.0 -0.5 -0.25 0 0.25 0.5 1.0 2.0 3.0 5.0 ℃

图 1-10 2022 年与 1991—2020 年平均值之间的近地面温度差

发生的显著变化。是的，在地球过往的 46 亿年历史中变化从未停歇。而且自 35 亿年前地球上生命产生以来，生命进化的过程也是不断改变这颗星球的过程，是一步一步地将它营造成适宜生命生存的家园的过程。在地球科学家的眼中，地球是一个有机联系的整体，是一个由岩石、水、空气和生命相互作用，具有自我调节能力的星球。地球的气候是人类赖以生存的重要资源。

工业化以来人类活动已经对地球气候系统产生了非常深刻的影响。人类活动正在显著地改变着我们的星球，这已经近乎是所有科学家的共识。频繁出现的极端天气气候事件正在让人们越来越清晰地认识到，气候正在发生着显著的变化，而这种变化会给人类带来复杂而深刻的影响。

② 极地的变化更令人担忧

极地在哪里？极地有什么特别之处？为什么极地要受到更多的关注？极地正在发生哪些变化？这些变化会带来怎样的影响？这些变化为什么令人担忧？这一连串的问题是否曾经出现在你的脑海里，你是否疑惑过它们之间可能存在联系，你是否想探寻这些问题的答案，如果你的答案是肯定的，那么恭喜你，你与研究全球气候变化的科学家们拥有了共同的话题和相似的思维方式，这些问题的答案，我们也会在下文中逐一解答。

我们所说的极地指哪里呢？让我们打开一幅世界地图，在图的最南面，你会看到一片被海洋包围的大陆，这就是人们口中的南极大陆。在图的最北面，有一片被陆地包围的海洋，这就是北冰洋，这片大洋与围绕在它附近的陆地，就是北极地区。运用地球仪和经纬网，我们可以更清晰地确定极地的范围，在地球仪上找到66°34′N以北和66°34′S以南的地区，就是我们所指的极地地区。

极地地区有哪些特别之处呢？从中学的地理课本中，大家了解到极地地区会出现极光，那里每年都会出现极昼和极夜现象。南极大陆被厚厚的冰雪层覆盖，平均厚度2000多米。南极大陆附近海面上漂浮的冰山是该地区独特的自然景观，它是南极大陆冰川下滑崩裂漂浮入海形成的。而北极地区在每年11月到次年4月，长达6个月的漫长冬季里，洋面也被冰层封冻。由此可以发现，极地地区最显著的特别之处就是有数量巨大的冰雪、冰盖。

科学家们将冰冻圈定义为陆地和海洋表面以上，一定厚度内冻结的地球系统组成部分，包括积雪、冰川、冰盖、冰架、冰山、海冰、湖冰、河冰、多年冻土和季节性冻土以及固态降水[①]。冰冻圈对太阳辐射具有强烈的反射作用，冰雪覆盖面几乎可以将垂直射入地面的太阳辐射全部反射回去，所以当温度降低时，地球表面冰雪覆盖面积增大，而其强烈的反射作用使得到达地表的太阳辐射减少，地表温度进一步降低。反之，一旦地球表面温度升高，冰雪消融，冰雪覆盖面积减少，地表反射作用降低，到达地表的太阳辐射增加，从而使气温进一步上升。冰雪圈的这种反馈机制，会影响全球的热量平衡，从而影响全球气温的变化。

除了影响气温，冰冻圈对降水也会产生影响。地球上超过85%的淡水都以固体的形式储存在大陆冰盖和冰川中，而南极大陆冰盖又占全球冰川总量的90%，因此，极地冰雪圈对全球的水分平衡也起着至关重要的作用。两极冰盖作为全球气候系统的冷源，不仅在气候变化中起到"放大器"和"驱动器"的作用，而且以固态形式储存了大量淡水。其中南极冰盖尤其重要，冰储量约占全球冰川的90%，占全球淡水总量的70%。如果南极冰盖全部融化，将导致全球海平面上升61.1米。

可以发现，极地是地球气候系统的重要组成部分，一直被喻为全球气候系统的稳定器。南极和北极是地球大气的主要冷源，由于极地寒冷，空气柱凝缩，在极地低层形成的冷高压，也称为"极地反气旋"。在近地面高气压的气流由极地向四周辐散，其影响的范围在冬季扩展，在夏季收缩，边缘部分与西风带气流交绥，往往出现锋面和气旋活动，带来降水，而高压控制的内部区域则天气单一，不易形成降水。因此，极地地区在全球大气环流和天气气候的形成、南北两半球的热量和水分交换中，起着十分重要的作用。这也是极地地区备受关注的主要原因。

---

① 内容出自IPCC特别报告《气候变化中的海洋和冰冻圈特别报告》中《不断变化的海洋、海洋生态系统和依赖性社区》。

在全球气候变暖的背景下，极地地区发生了怎样的变化呢？根据中国气象局发布的《极地气候变化年报（2022 年）》可以了解到，近年来南北极多次发生异常天气气候事件，并对当地和全球生态产生了重大影响。极地地区的变化主要表现为以下几个方面：首先，极地呈现快速增温趋势；其次，两极地区极端天气事件呈频发、强发趋势；再次，极地地区海冰总体呈偏少变化趋势；最后，极地地区的温室气体浓度逐年稳定上升。

以最受公众关注的极端天气事件为例，近年来，南极极端天气事件频发，屡次创新纪录。2020 年 2 月 6 日，南极半岛埃斯佩兰萨考察站观测到 18.3 ℃的极端高温，创整个南极有观测以来最高纪录。2022 年 3 月 14 日起，东南极西部至中部地区快速升温，位于南极内陆的康科迪亚站在 4 天内升高 49 ℃，于 3 月 18 日达到 -12.2 ℃。康科迪亚站、东方站和昆仑站在 3 月 18 日平均地表气温相比其多年平均值（1981—2010 年）分别高出 44.5 ℃、39 ℃和 26.2 ℃，其增温幅度和地表气温异常均创南极有观测以来的最高纪录。2022 年南极爆发性增温与罗斯海地区阻塞高压异常活跃紧密相关，罗斯海阻塞高压的侵入引发南极内陆极端强风，扰动逆温结构，导致冰盖近地面能量快速交换。同时，阻塞高压输送的暖湿气流遇冷产生降水，释放大量潜热，加剧气温升高，造成此次爆发性增温事件。

北极地区的极端事件态势也相差无几，极端暖事件也呈现出强发和频发态势，同时格陵兰冰盖发生数次极端冰川消融事件。2012 年夏季，格陵兰岛异常增暖导致 96%的冰盖表面发生消融；2019 年夏季，格陵兰岛再次发生极端暖事件，大约 90% 的冰盖表面发生消融；2020 年 5—6 月，西伯利亚地区出现创历史纪录的持续性极端高温，导致北半球乃至全球有记录以来最暖的 5 月。同时，该区域异常高温增加了山火和冻土融化发生频次，对当地环境造成直接破坏。

2021 年 8 月 14 日，格陵兰岛冰盖中央最高点（Summit 站）观测到有记录以来的首次降雨，同时气温在冰点以上持续了约 9 小时，这是继 2012 年和 2019 年夏季之后，格陵兰岛中央区第三次出现气温超过 0 ℃现象。这次伴随降雨过程的暖事件造成格陵兰冰盖表面发生极端消融，自有卫星记录以来消融量第二次超过 800 万平方千米，8 月下旬冰川河流流量创下 2006 年以来的最高纪录。此次极端高温和降雨事件受平流层极涡和格陵兰阻塞高压共同影响。2022 年 7 月，北极圈内再次出现罕见高温，温度一度升至 32.5 ℃，格陵兰冰盖加速融化，7 月 15—17 日，格陵兰冰盖每日损失的质量多达 60 亿吨；同时高温热浪席卷全球，欧美以及亚洲多国遭遇持续高温天气。

相较于频发的极端高温事件，科学家更加关注极地地区的海冰变化情况，因为南北极海冰是全球气候系统的核心环节之一。过去几十年，北极海冰的快速消融是全球最显著的气候变化现象之一。与北极相反，过去几十年南极海冰多数时间在增长，但近几年海冰减少速度创下纪录，南极海冰的异常变化特征及其影响受到更多关注。

南极海冰范围年均 1165 万平方千米，月均海冰范围最小纪录为 216 万平方千米（2022 年 2 月），最大纪录为 1976 万平方千米（2014 年 9 月）。北极海冰范围年均 1137 万平方千米，月均最小纪录为 357 万平方千米（2012 年 9 月），最大纪录为 1634 万平方千米（1979 年 3 月）。南北极年均海冰范围接近，但极值和波动区间有明显差异，这与北冰洋和南大洋的地理条件有很大关系。

南极海冰具有显著的季节变化和年际变化特征。由于南北半球季节相反，每年 4—9 月前后是南极海冰的结冰期，10 月至次年 3 月为融冰期，全年最低点通常出现在 2 月底或 3 月初。

从 1970 年末以来的变化看，南极海冰范围经历了长期缓慢增大后快速减小的演变过程，前期增大趋势显著，但幅度较小并且时间较长，在 2014 年底达到峰值后快速减小。与此相对应，南极海冰范围的波动变率也在增大，2000—2014 年间南极海冰范围的增长速度几乎是 1979—1999 年间的 5 倍，2014 年见顶后南极海冰范围在 3 年内就快速减少到低于长期均值近百万平方千米的历史新低。南极海冰范围年最小值在 2017 年和 2022 年创下新低值，分别是 211 万平方千米和 192 万平方千米。

北极是影响气候变化的关键区域，也是气候变化最敏感的影响因素之一。北极海冰具有显著的季节变化特征，冬季海冰最多，夏季海冰最少，其中鄂霍次克海和白令海夏季均处于无冰状态。北极海冰的年代际和年际变化特征也非常显著。就北极海冰整体而言，自 1970 年末开始，北极夏季海冰总量不断减少。

北极海冰范围具有显著的季节变化特征，夏季（6—8 月）和秋季（9—11 月）分别是北极的融冰季和结冰季，海冰覆盖率较低；而春季（3—5 月）和冬季（12 月至次年 2 月）的海冰覆盖率则相对较高。夏秋季海冰年际变率较冬春季大。2022 年北极海冰总体偏少，夏秋季比 2007 年海冰范围略大，冬春季与 2007 年海冰范围相当。自 1970 年末开始，北极海冰变化的主要特征表现为持续几个月时间的海冰损失，然后紧跟几个月的海冰增长，但这种增长并未使海冰恢复到之前水平，从而导致北极海冰范围整体呈减小趋势。2000 年之后这种减小趋势更加显著。2022 年夏季北极海冰密集度减少主要发生在常年被冰覆盖的波弗特海、楚科奇海、东西伯利亚海、拉普捷夫海和喀拉海；冬季海冰密集度减少则主要发生在更南边的巴伦支海、鄂霍次克海、格陵兰海和巴芬湾。

极地地区极端高温事件和海冰的减少到底意味着什么呢？观测发现，极地是全球气候变化的敏感区和放大器。根据 IPCC 第五次评估报告提供的信息可知，在过去 20 年中，北极地表气温的增温可能是全球平均水平的两倍多，增温引起的海冰和积雪覆盖的变化，触发了前文中提到的冰面反馈作用，这种反馈机制会导致地球变暖的进一步加剧。在两极海洋都在继续变暖的背景下，南大洋在全球海洋热量增加中的作用也尤为突出，且日益重要。多数科学家确信，在1970—2017年期间，南纬30°以南的南大洋尽管占全球海洋面积的约25%，但其2000米以上海域的热增量却占全球海洋热增量的35%～43%。

事实上，极地地区正在失去冰层，海洋正在迅速变化。这种极地转型的后果会延伸到整个地球，并以多种方式影响着人们。譬如，北极海冰快速减少，已经对全球天气气候以及生态系统产生了显著影响；北极航道的开通给全球航运带来了机遇，同时也带来了挑战。此外，极地冰盖和大洋沉积物中保留着地球大气地质时期和历史时期气候变化的详细记录，是获取气候代用资料的载体。因此极地气候变化已经引起科学界、政府和社会公众的极大关注。

3 极端天气带来的风险

迄今为止，气温上升已导致人类和自然系统发生深刻变化，包括干旱、洪水和其他一些极端天气的增加，海平面上升，以及生物多样性丧失，这些变化正在给脆弱人群和人口带来前所未有的风险。因此，气候变化风险来源于极端气候事件或者气候变化对自然和人类系统的负面作用，即在特定时间段内气候变化、灾害性气候事件或两者之间的相互作用，并对经济、生态、工业、农业、水文、城市生活、健康、文化、基础设施等产生潜在不利后果。气候变化风险还来自气候产生的危害与人类和自然系统的暴露度及脆弱性的叠加作用。在气候变化风险产生的过程中，气候变化是致灾因子，自然和人类社会是承灾体。

首先，气候变化作为致灾因子是风险源，会对自然和人类社会产生危害。伴随着频繁的极端天气或气候事件，人类社会面临更多的灾害危机。譬如热浪强度和频次会增加，持续时间延长。最新研究报告显示，在未来全球气候进一步变暖的情形下，全球尺度和大陆尺度以及所有人类居住的区域，极端热事件（包括热浪）将继续增多，强度加强；极端冷事件将减少，强度将减弱。20世纪中叶以来，全球尺度陆地强降水事件的频次和强度可能增加。随着全球变暖的加剧，强降水事件很可能变得更强、更频繁。全球尺度上，未来全球每增温1℃，极端日降水事件的强度将增强7%。区域强降水强度变化与全球变暖幅度成近乎线性关系，未来全球变暖幅度越大，强降水增强就越大；强降水事件的频次随全球变暖幅度的增加而加速增长，越极端的强降水事件，其发生频率的增长百分比就越大。

极端风暴，如热带气旋、强对流、大风等对经济社会具有重要影响。但因为极端风暴事件局地性强、生命史短等特征，量化和归因气候变化对极端风暴的影响存在很大挑战。

IPCC 第六次评估报告（简称 IPCC AR6）评估发现，近 40 年来（1980 年代以来）全球强台风（飓风）占比增加，西北太平洋热带气旋达到最大风力时的位置向北移动。不考虑人类活动影响，仅考虑自然变率无法解释这些变化。事件归因研究表明，人类活动对热带气旋降水增加做出了贡献。随着未来全球气候进一步变暖，全球强台风（飓风）占比、热带气旋最大风速和热带气旋降水很可能将增加，西北太平洋热带气旋达到最大风力时的位置可能进一步向北移动。

科学家们还提出了复合事件的概念，复合事件指的是两个或两个以上同时发生或者连续先后发生或者同时出现在不同地方的天气气候事件的组合，其影响要大于单个事件造成影响的总和。

在联合国政府间气候变化专门委员会（IPCC）报告中，首次全面系统地评估了热浪和干旱复合事件、与野火有关的复合天气事件（炎热、干燥、大风的组合）、沿海和河口地区的洪涝复合事件。20 世纪 50 年代以来，全球热浪和干旱复合事件增多，欧洲南部、欧亚北部、美国和澳大利亚等地利于野火发生的复合天气事件变得越来越频繁，一些沿海和河口地区的洪涝复合事件增多。人为影响可能增加了这些复合事件的发生概率。随着未来气候变暖的加剧，许多区域的复合事件发生概率将增加。欧亚北部、欧洲、澳大利亚东南部、美国、印度、中国西北部等区域的热浪和干旱复合事件可能越来越频繁。随着干旱和高温热浪严重程度的增加，利于野火发生的复合天气状况也将变得更加频繁，造成野火风险加大。由于海平面的上升和强降水的增加，海岸带复合洪水事件的发生频次和强度将增加。

总之，人类活动导致的气候变化的证据在加强，并且这种变化已经影响到全球各个区域的许多极端事件的变化，包括极端温度、强降水、干旱、热带气旋、复合事件等。未来极端事件的变化与全球变暖幅度有关，即使全球小幅变暖也会加剧极端事件频次和强度的变化。如全球每 0.5 ℃的升温将造成极端热事件、强降水和一些区域农业生态干旱的强度和频次增加。而且，随着全球气候变暖的加剧，在观测记录中未出现的一些极端事件将会发生，且将会造成更大的气候风险和影响。

IPCC 第六次评估报告称，气候变化已经对自然和人类系统造成了广泛的不利影响。近年来，全球极端天气气候事件频繁发生，给社会生产生活秩序造成严重干扰破坏，并造成大量人员伤亡与财产损失。与常规灾害发生发展特点及趋势相比，极端天气灾害具有突发性强、破坏性大、影响范围广及持续时间长等特点，使相关的应急管理、防灾救灾的开展都遇到极大的困难和挑战。AR6 报告有越来越多的证据表明，与极端事件相关的影响可以归因于人为排放等人类活动。

2014 年以来，观测到的极端天气气候事件频率和强度的增加，包括陆地和海洋极端高温、强降水事件、干旱和火灾天气，对自然和人类系统造成了广泛的、普遍的影响。全球受极端降水增加影响的人口约占 10%。自 20 世纪 50 年代以来，大约有 7 亿人经历了更长时间的干旱，且受影响人数还在增加。全球约有 40 亿人每年至少会经历 1 个月的严重缺水。干旱、洪水和海洋热浪导致粮食供应减少和粮食价格上涨，威胁到数百万人的粮食安全、营养和生计。气候变化造成的影响还广泛存在于生态系统、健康、生计、关键基础设施、经济以及人道主义危机等多方面。在气候变化影响下，评估的全球超过 4000 个物种中，约一半的物种已经向更高纬度或更高海拔转移，并且 2/3 的春季物候已经提前。

在全球气候变暖背景下，我国高温、干旱、暴雨等极端事件同样呈现多发重发的态势，严重影响社会经济可持续发展，特别是极端事件变化和社会经济系统叠加后造成的风险加剧。

在极端天气气候事件引发的大灾大难面前，欠发达国家和地区的生产恢复可能会形成社会发展及防灾减灾工作的恶性循环，"因灾致贫、因灾返贫"的现象会为灾害应对工作带来更多新问题。

极端天气事件对生命安全和人类身体健康造成直接影响。气候变化是影响传染病发生的重要因素，其直接或间接地影响传染病的病原体、媒介生物、宿主以及易感人群，进而改变传染病流行的模式、频率和强度。全球气候变暖会使登革热、疟疾等虫媒传染病的媒介能力得到增强，发病例数呈上升趋势，地理分布范围（甚至在高海拔地区）呈扩大趋势。

摄入含有病原微生物污染的饮用水或食物是导致水源性疾病和食源性疾病的主要原因。自 2014 年以来，越来越多的证据表明，高温、暴雨、洪水和干旱等极端天气气候事件通过直接或间接途径影响水源性和食源性疾病的发生，并产生级联风险，如 2016 年安徽洪水受灾地区在洪水发生后感染性腹泻的发生风险增加 11%。长时间的强降水不仅会冲刷环境中的病原体、污染饮用水，也会造成基础设施薄弱地区的供水系统和卫生管道系统出现过载或破坏现象，进而导致感染性腹泻的发生。温度升高会导致食源性传染病风险的增加，在香港地区，气温 30.5 ℃时沙门氏菌入院治疗风险是气温 13 ℃时的 6.13 倍；空肠弯曲杆菌导致的食源性疾病发生率在降雨期后明显下降。此外，食源性疾病风险也与从生产到消费的整个食物链、城市化和人口增长、农业生产力下降、食物价格波动、饮食趋势的改变等因素有关。呼吸道传染病的气候风险因素主要包括由气候变化加剧的极端温度和湿度、沙尘暴、极端降水事件。

对于一些非传染病和慢性病，极端天气事件的增加也造成了很大的隐患。气候变化通过影响高温天气，导致体力活动减少、脱水和睡眠障碍等问题，从而增加了心脑血管疾病风险，而暴露于颗粒物、臭氧等空气污染物中会引起炎症、血栓状态、内皮功能障碍和高血压等。

气候变化相关的环境因素是过敏性呼吸道疾病的主要驱动因素，如灰尘、空气污染物、荒野火灾和热暴露等增加了空气中过敏原的浓度并延长了暴露时间，从而损坏人体肺功能。极端天气气候事件和不断上升的温度也会增加糖尿病患者（尤其是心脑血管疾病合并症患者）的发病率和死亡率。极端天气气候事件对慢性病患者的健康影响是由一系列复杂因素造成的，例如由于治疗中断和无法获得药物，慢性病患者在极端天气气候事件期间及之后均面临较高的健康风险。

极端天气事件对人的心理健康也会造成影响。已观察到的极端天气气候事件会对心理健康产生不利影响，并与其他的非气候因素相互作用。高温暴露与一系列不良心理健康结局，如自杀、精神疾病的住院和急诊、焦虑、抑郁和急性应激等呈正相关关系，例如在美国月平均气温大于 30 ℃时心理健康问题就诊增加约 0.5%；月最高气温每上升 1 ℃心理健康问题就诊增加约 2%，而墨西哥和美国的自杀率分别增加 2.1% 和 0.7%。风暴、洪水、热浪、野火和干旱等极端天气气候事件对受灾居民的心理健康具有显著影响，表现为创伤后应激障碍、焦虑、失眠、药物滥用和抑郁等。例如，美国最严重灾害之一的卡特里娜飓风造成灾区居民精神健康问题增加约 4%，20%～30% 经历过自然灾害的人在事件发生后的几个月内患上抑郁症或创伤后应激障碍。直接经历过极端天气气候事件的居民、儿童和青少年更加敏感。

研究表明，气候变化已经对人群的主观幸福感产生了负面影响。美国的大规模人群研究发现，相对于 10～16 ℃，人们暴露于 21～27 ℃和大于 32 ℃时幸福感会下降 1.6% 和 4.4%；在中国日均温度 ≥ 20 ℃时，人们情绪开始变差。风暴、海岸侵蚀、干旱或野火等事件通过破坏绿地和海洋等空间或当地有价值的景观，使居民产生如悲伤、忧郁等负面情绪。

气候变化下的热浪、洪涝、干旱、野火等极端事件频发会显著增加人群死亡和发病风险，据估计，1998—2017 年，1.15 万起极端天气气候事件导致了 52.6 万人死亡。高温天气会使机体发生脱水、肾功能减退、脑功能减退等不良反应和健康损害，并增加中暑、劳累型热射病等热相关疾病的风险，严重威胁职业人群的健康，同时也会降低职业人群劳动能力和生产效率，造成工作时间和生产力损失，增加社会经济负担。

在全球范围内，气候变化与极端事件还会影响粮食安全，主要表现在粮食生产供应的稳定性、粮食获取以及利用等方面，从而使营养不足、超重和肥胖等问题日益严峻，并使人群对其他疾病的易感性大幅增加，尤其对中低收入国家的孕产妇及儿童的影响更明显。

欧盟委员会哥白尼气候变化服务中心副主任伯吉斯说："2023 年 7 月被确认为有记录以来全球平均气温最高的月份。据估计，该月的气温比 1815 年至 1900 年的平均温度高出约 1.5 ℃，即突破了高出工业化前水平 1.5 ℃的阈值。"伯吉斯警告说："无论暂时还是永久，任何这样的温度上升都将带来可怕的后果，使人类和地球暴露在日益频繁和剧烈的极端天气事件中。这表明我们迫切需要雄心勃勃的努力来减少全球温室气体的排放，因为这是造成创纪录高温的主要驱动因素。"

全球变暖背景下诸多极端天气气候事件就是在警告人类，保护我们唯一的家园已刻不容缓。人类的未来并非已成定局，而是取决于现在和接下来我们的选择。

参考文献

李想，王永光，2023. 2022/2023 年冬季北半球大气环流特征及对我国天气气候的影响 [J]. 气象，49(7): 881-891.

周波涛，钱进，2021. IPCC AR6 报告解读：极端天气气候事件变化 [J]. 气候变化研究进展，17(6): 713-718.

HUYBRECHTS P, STEINHAGE D, WILHELMS F, et al, 2000. Balance velocities and measured properties of the Antarctic ice sheet from a new compilation of gridded data for modelling[J]. Annals ofGlaciology, 30(1): 52-60.

第二章

来自科学家们的解释

　　全球变暖是所有这些气候变化的起点。主要温室气体正在增加，其中二氧化碳带来的影响最大。毫无疑问，这一增长是由人类活动推动的。这些气体在气候系统中吸收热量。大部分过剩热量（91%）存在于海洋中，其结果就是海洋因此面积膨胀，从而推动海平面上升。

——奥拉夫·莫根施特恩
（新西兰）

1 地球的温室效应

  地球大气在太阳系中是独一无二的，因为地球中由各种气体组成的大气或热量和水汽条件维持生命的存在。大气层就好像是地球的一个外套。上帝把地球悬挂在宇宙中，为了更好地保护地球，为了让地球上的生物能够存活，于是给地球穿了一个外套，这个外套就是"大气层"，组成地球大气的各种气体以及特定的比例对人类的生存至关重要。在大气层中，大约有 78% 的氮气，21% 的氧气，剩下的则是稀有气体、二氧化碳、水蒸气和惰性气体等（图 2-1）。氧气是我们呼吸和成长的必要条件，氮是组成生物体内氨基酸的重要元素，这两种气体是大气成分中含量最多的，而且对地球上的生命具有非常重要的意义，但是它们对天气现象几乎没有影响。二氧化碳和臭氧含量很少，但是对地球上的生命活动和大气环境有着重要作用，二氧化碳能供给植物生长所需要的碳，它吸收地面辐射的能力强，使气温升高。臭氧能吸收太阳光中的紫外线，使大气增温。水蒸气是组成雨雪等的重要因素。大气的这些成分并不是固定的，而是随着时间和空间变化的。

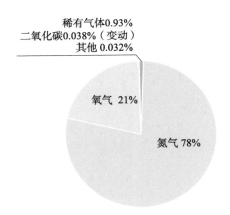

图 2-1 干洁空气成分的体积分数（25 千米以下）

  科学家通过对没有空气的星球比如月球研究确定，如果地球没有大气，其表面平均温度将在 -18 ℃，但是实际上近地表面的平均温度 15 ℃，也就是说大气的存在使近地表面的温度提高了 33 ℃，所以说大气是地球的保暖外套。地球大气的这些成分为什么能成为保暖外套，这个保暖的机制是什么呢？这就是我们常常说的温室效应。这一自然现象之所以称为温室效应，是因为它与温室加热的方式极为相似。温室的玻璃允许短波太阳辐射进入并被温室内的物体吸收，这些吸收辐射的物体再以较长的波长放出辐射，而玻璃对长波则几乎是不透明的。这样，热量就被"关"在温室里。虽然这一类比使用得很广泛，但我们一定要注意，温室内空气获得较高温度的部分原因是温室内的暖空气不能与外部较冷的空气进行交换。

温室大棚（图 2-2）的工作原理。首先我们需要知道地表的热量来源，很显然这个来源就是咱们的太阳，太阳作为太阳系中的"老大"，它的质量占据着整个太阳系的 99.86%，可以说是绝对地位，并且它作为一颗恒星，核心部分在时刻进行着核聚变，大量的光热被辐射出来，时刻在为周围的行星"送温暖"。太阳表面的温度在 6000 ℃左右，光辐射的能量经过平均 1.5 亿千米的日地距离抵达地球。并且咱们从太阳光谱可以看出，光辐射绝大部分为短波辐射（波长小于 3 微米），其中能量最主要的集中在可见光波段（波长 400～760 纳米），因此太阳辐射可以较为通畅地穿过大气层（通过的光辐射，其波段主要集中在 295 纳米至 2.5 微米，1 微米 =1000 纳米，其余的则被大气层吸收或反射走），抵达地表。太阳辐射能随波长的分布见图 2-3。

图 2-2　温室大棚

而当太阳辐射到达地表后，就会对地表起到一个升温的作用，当然太阳辐射是不可能完全被地表吸收的，其中部分又以热辐射的形式向太空发射出去。因为地表的温度远不及太阳表面温度高，因此它的热辐射主要是长波辐射，而长波辐射主要是指波

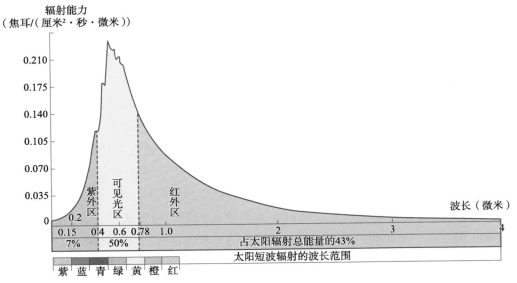

图 2-3　太阳辐射能随波长的分布

长在 4～120 微米的电磁波，但这些长波辐射却正中大气温室气体的下怀，因为温室气体对长波辐射吸收很强（大气中的温室气体主要是二氧化碳、甲烷、一氧化二氮、水汽等气体）。而这些气体在吸收辐射能量后，又会再次产生长波辐射向四周传播出去，很显然这其中的一部分又会再次抵达地表，这个过程被称为大气逆辐射，这样就把地表损失的热量又还给了地面，实现了对地面的保温作用。若无"温室"效应，地球表面平均温度是 −18 ℃而非现在的 15 ℃。大气受热过程示意图见图 2-4。

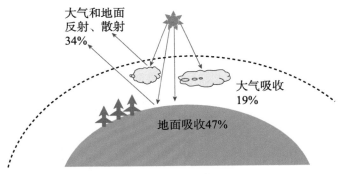

图 2-4　大气受热过程示意图

温室效应的发现我们可以从 200 年前的一件事情说起。1820 年，法国科学家约瑟夫·傅里叶在参加学者团随拿破仑去打埃及时患上了一种总是感觉寒冷的疾病。他整年披着一件大衣，将大部分时间用于对热传递的研究。他得出结论：尽管地球确实将大量的热量反射回太空，但大气层还是拦下了其中的一部分，并将其重新反射回地球表面。他将此比作一个巨大的钟形容器，顶端由云和气体构成，能够保留足够的热量，使得生命的存在成为可能。1824 年，傅立叶发表论文《地球及其表层空间温度概述》，他发现了我们星球的气候为何如此温暖——比简单计算能量平衡所得出的结果要高出好几十摄氏度。太阳光带来热能，而地球则将热能反射回太空——但能量得失的数据并不平衡。傅立叶意识到大气中的某种气体能够捕获热能。大气层就像温室的玻璃一样，能让太阳光线通过，同时阻挡地球的辐射热返回宇宙空间，这被比喻成温室效应，傅立叶是最早提出温室效应的科学家。

后续还有许多科学家对温室效应从不同角度加以研究，这里特别提到约翰·丁达尔和万特·阿列纽斯两位科学家。

在 1859 年，英国科学家约翰·丁达尔决定在自己的实验室里来验证一下。红外线的确可以穿透大气层里的主要气体——氧气和氮气，但是二氧化碳气体是不可穿透的——这是一种我们现在所称的温室气体。在进一步的研究中发现，水蒸气是大气中含量更大的温室气体，这种气体能轻易阻挡住红外线。丁达尔说："水蒸气对于英格兰的植物来说，就像是一层必不可少的毛毯，其重要性比之衣服对于人类还要大。若将这种水蒸气从大气中去除掉，哪怕仅仅一个夏夜的时间，那么第二天太阳照耀的就将是一个被冰霜紧紧包裹的孤岛。"

丁达尔最有名的发现是在 1869 年，他发现若令一束汇聚的光通过溶胶，从侧面，即与光束垂直的方向，可以看到一个发光的通道，这就是丁达尔效应（图 2-5）。丁达尔效应在生活中也是比较常见的，假如在一片树林当中，早晨的光线传进来，人们也可以从侧面看到比较清晰的通道。

图 2-5 丁达尔效应

知识卡

丁达尔效应

图 2-6　丁达尔

当一束光线透过胶体，从入射光的垂直方向可以观察到胶体里出现一条光亮的"通路"，这种现象被称为丁达尔现象，也叫丁达尔效应。丁达尔现象是 1869 年由英国科学家约翰·丁达尔率先发现的。光通过云、雾、烟尘也会产生这种现象。

约翰·丁达尔（图 2-6）（1820—1893），英国皇家学会物理学教授，著名物理学家。首先发现和研究了胶体中的丁达尔效应。这主要是胶体中分散质微粒散射出来的光。

1896 年，瑞典科学家斯万特·奥古斯特·阿累尼乌斯提出这样一个问题。他说，设想大气中二氧化碳的含量变了，比如火山的爆发可能喷出大量二氧化碳气体，这将会导致温度略有上升，但这种微小的上升可能带来严重后果——变热的空气将保留更多水分。因为水蒸气是真正强大的"温室气体"，湿度的增加将会极大地促进暖化。反之，如果所有的火山排放恰好都停止了，二氧化碳最终会被吸收进泥土和海水。冷却的空气将会保留较少的水蒸气。这个过程可能会演化成一次冰期。冷却减少空气中的水蒸气，较少的水蒸气导致温度进一步降低，降温又进一步导致空气中水蒸气减少……这种自我加强的循环，在今天被我们称为"正反馈"。这只是一种理论上的模型。那么能否给出一种定量的计算，也就是说，地球上的二氧化碳出现一定量的变化后，会给地球的温度带来怎样的改变？

显然，这种复杂的效应超过了任何人的计算能力。然而，阿累尼乌斯却长年累月埋头于枯燥的数值计算之中。他计算了地球各个纬度地区大气湿度和辐射进出情况后宣布：如果把空气中的二氧化碳含量增加一倍，地球温度将大约升高 5 ℃，后来他又把这一结果调整为 4 ℃。后来的人们吃惊地发现，在没有现代巨型计算机支持的条件下，他研究得到的结果却很好地落在了近几年科学家们估算的增温幅度内，这实在是一种天才的分析。

1896 年，烧煤释放的二氧化碳只能使二氧化碳水平上升千分之一。根据阿累尼乌斯的计算，要花费几千年的时间才能把空气中的二氧化碳含量增加一倍。所以阿累尼乌斯对气候变暖表示了比较乐观的态度，他认为大气中二氧化碳的实际比重并不大，每年煤炭燃烧所释放的二氧化碳只占大气二氧化碳的 1/1700，并且海洋能吸收约 5/6

人类排放的二氧化碳。同时气候变暖会给人类带来更加宜人的气候和丰富的物产，特别对寒冷地区来说。当然，他没有想到，后来工业化的进程会发展得那么快。

人物小传

斯万特·奥古斯特·阿累尼乌斯

斯万特·奥古斯特·阿累尼乌斯（图2-7）（1859—1927），瑞典物理化学家，生于瑞典乌普萨拉附近的维克城堡。他是电离理论的创立者；研究过温度对化学反应速度的影响，得出著名的阿累尼乌斯公式；还提出了等氢离子现象理论、分子活化理论和盐的水解理论；对宇宙化学、天体物理学和生物化学等也有研究。1903年因建立电离学说获得诺贝尔化学奖。

图2-7　斯万特·奥古斯特·阿累尼乌斯

② 气候变化的自然原因

现在人们越来越意识到全球气候是一直在变化的，而且近年来气候变化更加明显，人们也试图对气候变化作出预测，图2-8中是IPCC前3次对20世纪温度变化观测与预估结果比较，我们发现每次预测都与实际观测有一定的差距，而且3次预测也是不尽相同的，这说明了气候变化不是单因素作用的结果，是一个复杂的多因素共同作用的结果。

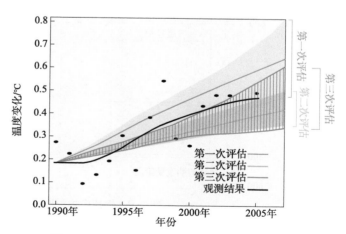

图2-8　20世纪温度变化观测与预估结果比较
（IPCC前3次评估报告对未来全球平均气温变化的预估）

气候变化是近年来人们非常关注的一个现象，影响气候变化的因素都有哪些呢？

从漫长的地质时期时间大尺度来看,全球气候经历着干湿交替与冷暖交替(冰期与间冰期交替)的变化特征。从图 2-9 中我们还可以看到,原来侏罗纪恐龙生存的年代是相对温暖和干燥的。第四纪冰川距今 200 万～300 万年,结束于约 1.2 万年以前。1860 年以来,全球气候变化趋势是气温波动上升,特别是近 30 年来,全球气温上升剧烈,即全球气候变暖。人类影响是近几百年的事,那么在漫长的地质历史时期自然因素是如何影响气候变化的呢?

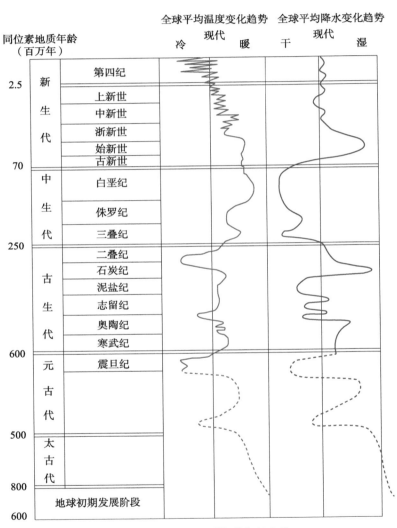

图 2-9　地质历史时期的气候变化

太阳辐射变化

太阳辐射变化主要受到长期太阳演化、地球轨道参数变化以及太阳活动的影响。太阳是一颗不断演化的恒星，在地球诞生之初，太阳的辐射输出较现代低25%～30%，在此后的45亿～46亿年历史中，太阳的辐射输出增加到现代水平。太阳辐射的长期变化从根本上决定着地球的能量辐射平衡。

地球轨道参数改变引起的各纬度带和季节太阳辐射再分配的变化。具体来说，主要是地球轨道的偏心率、地轴的倾斜度（即黄赤交角）和岁差（即春分点的移动）等地球轨道参数都是随时间变化而变化的，并存在一定周期。偏心率变化存在近10万年的周期，黄赤交角存在4万年左右的周期，而岁差变化存在约2万年的周期。这些轨道参数的不断变化，改变着地球与太阳的相对位置。虽然可以到达地球的太阳辐射总量变化不大，但是随着地球表面纬度和季节的改变，太阳辐射分布的变化就会很大，能够引起南、北半球以及全球气候的巨大改变，它主要影响的是几万年或者几十万年的气候变化。

太阳活动是太阳表面上一切扰动现象的总称。目前一般用黑子活动代表太阳活动，黑子越多，太阳活动越强，其他太阳活动都和黑子活动呈同步变化，太阳常数的短期变化也与黑子的变化一致。太阳活动高峰期能够引起太阳紫外辐射和微粒辐射的极大增加。很多科学家认为太阳黑子数增多时地球偏暖，减少时地球偏冷。例如17世纪的70余年中太阳黑子数量很少，并且寿命较短，太阳能量的这一减少时期对应了古气候历史上的小冰期偏冷时段，因而被一些科学家认为是小冰期较冷时段发生的主要原因。太阳活动还可能对地球大气的温度、运动、密度等产生间接的影响。目前仍不十分清楚太阳活动影响气候的机制，但可以肯定的是，太阳活动的周期变化是影响气候自然变率的一个重要因子。

知 识 卡

蒙德尔极小期

1645—1715年，太阳活动很弱，太阳黑子非常少，持续时间不可思议的长达70年。1894年，英国天文学家蒙德尔把这70年称为太阳黑子"延长极小期"，它也被称为蒙德尔极小期。在蒙德尔极小期中太阳活动最微弱的30年里，只观察到大约50个太阳黑子。而在相同的时间段内，本应该观察到4万～5万颗太阳黑子。20世纪70年代，美国天文学家埃迪在此基础上，通过调查观测资料，得知通常每个世纪有5～10次特大太阳黑子的观测记录，且极光的频率和强度与太阳黑子的数量呈正相关。1645年之前和1715年之后极光的报告很多，但是1645—1715年却一份报告都没有，证明了蒙德尔极小期的存在。此时也恰好是地球的小冰河期，但两者是否有关联，仍然没有定论。

火山活动

强烈的火山活动，不但会喷发大量熔岩、碎石、火山灰，还会喷发出一些十分细微的火山灰微粒和大量气体，这些固体粒子直径在 0.5～2.0 毫米，甚至更小。这些气体和大气中的水汽结合形成液体状硫酸盐滴，称为气溶胶。通常认为，一般强火山喷发后的气溶胶可能在平流层大气中停留一年以上，个别可能存留 10 年以上。这些火山灰和气溶胶随着大气环流在全球范围进行扩散。气溶胶粒子在平稳的平流层内长期生存，像一把大伞，将太阳辐射散射和反射出去，因而减少了到达地面的直接太阳辐射，造成近地面及对流层温度降低，这个过程被称为"阳伞效应"。当然强火山喷发可能使某些月份的直接太阳辐射减少，虽然可能使散射的太阳辐射显著增加，但是因为散射的绝对值比较小，所以到达地球表面的太阳辐射量有明显下降。一般认为，一次强火山喷发后的 1～3 年，阳伞效应不仅影响火山附近的地区，还可能导致半球甚至全球平均气温下降 0.3 ℃左右，4～5 年后又恢复正常了。

连续的强火山喷发累积效应可导致年代至百年际降温。不同地区、不同位置、不同季节的火山喷发对气候变化的影响过程和程度有明显不同，而一次喷发对不同地区气候的影响程度也是不一样的。比如在印度洋深海沉积中，氧同位素阶段 5 与 4 之间的层位上存在一层火山灰层，此火山灰层是 7.35 万年前印度尼西亚苏门答腊岛上的多巴火山强烈喷发形成的。在南极的冰芯记录中，由火山喷发形成的非海相硫酸盐含量在此期间开始显著增加。普遍存在的火山灰层显示出，在此强烈火山喷发时期，可能有数十亿吨的火山灰微尘喷发到 30 千米的高空，由此阻碍了太阳的入射辐射，可造成达数年之久的全球降温，降温幅度达 3～5 ℃，在高纬地区的降温幅度可能达 10～15 ℃。这样的降温幅度足以导致在北美的魁北克和拉布拉多形成永久积雪，欧洲斯堪的纳维亚地区可能也是如此。平流层中的火山气溶胶的多重散射可导致臭氧的光解作用增强，使得臭氧总量下降、平流层上部冷却，造成温度场的变化和能量的重新分配，进而造成大气环流的改变，还可以引起局地降水的增加等；但是这种影响对于近年来气候变化的影响有限，在 IPCC 最新发布的第六次评估报告中指出科学家们使用了气候模型模拟。当只使用自然因素来影响气候模型时，所得到的模拟显示了气候在一个广泛的时间尺度上的变化，以响应火山爆发、太阳活动的变化和内部的自然变化。给出了过去 2500 年重建得到的，以及 1850 年以来观测得到的由于火山喷发造成的平流层气溶胶光学厚度和火山活动有效辐射强度随时间的变化情况。可以看出火山喷发事件出现的随机性，对于这样的低概率高影响事件，很难用它来解释最近几十年的全球快速增暖。事实上，自然气候变化的影响通常会随着时间周期的延长而减小，因此它对数十年和较长的趋势只有温和的影响，火山爆发可以强烈地冷却地球，但这种影响是短暂的，它对表面温度的影响通常会在火山爆发后的 10 年内消失。

气候系统内部变率

气候系统的能量来源是太阳辐射，全球能量的收支平衡使地球平均地表温度维持在 14 ~ 15 ℃。当气候平衡条件不能满足时，地球温度将会改变，直到平衡达到时温度才能稳定下来。维持这种平衡主要是靠组成气候系统的各个圈层之间物理、化学和生物的相互作用，这些相互作用有时会使得已经出现的气候异常进一步增强，即正反馈作用；有时则会使气候异常逐渐减弱，即负反馈作用。气候系统的反馈机制增加了气候系统的复杂性，所以我们在分析气候异常原因的时候，必须考虑气候系统内部的正、负反馈过程（图 2-10）。

图 2-10　气候系统的相互作用

对于气候系统的各个组成部分，其热容量大小和气候敏感性决定了气候强迫调整所需要的时间，比如大气圈对于气候强迫的调整需要几个月的时间，海洋混合层需要几年的时间，整个海洋需要几个世纪，而大陆冰川甚至还要更长。由于海洋及其冰川比热容较大，全球平均表面气温对气候强迫的响应通常有延迟过程，在一系列气候的反馈过程中，打破气候原有的平衡状态，建立一种新的平衡状态。

在冰期和间冰期全球土地覆盖存在显著差异，并通过地表的反照率来影响全球气温。比如在冰期，全球冰雪覆盖面积明显增大，陆地面积相对增大，因为冰期气候变干，在非冰川覆盖的大陆上森林植被显著减少，荒漠和草原植被扩大，陆地植被覆盖率显著降低，导致地表反照率明显增大，进一步加剧全球气候变冷。间冰期的土地覆盖和地表的反照率则相反，对气候变暖起正反馈作用。

海—气相互作用

由于海洋覆盖了地球表面大约 70% 的面积，海洋包含了全球几乎所有的液态水（约 97%），陆地上的水含量也不到海洋的 1/30，从水循环角度来看，海洋是地球的水汽之源，其蒸发和降水形势的微小变化，都会引起相对较小的陆地表面、大气中水循环的剧烈变化。另外全球海洋吸收的太阳辐射大约占地球大气顶总太阳辐射量的70%，其中的 85% 左右被贮存在海洋表层中，这些贮存的热量会以潜热、感热交换和长波辐射等形式影响大气，通过影响热量进而影响大气的运动。因此，海洋热状况的变化对大气运动的能量供给有着非常重要的影响。同时由于海洋的比热容大，成为一个巨大的热量存贮器，表现为巨大的热惯性，海洋的运动和变化具有明显的缓慢性和持续性。这一特性使得海洋具有较强的"记忆"能力，可以通过海洋—大气相互作用把大气的变化信息贮存在海洋中，然后再对大气的运动产生反馈作用。巨大的海洋对温室效应也有一定的缓解作用，洋流对热量进行输送，减少了低纬大气的增热，使得高纬大气变暖，同时这种输送引起的大气环流的扰动还使得大气对二氧化碳变化的敏感性降低。

大气与陆地圈层的相互作用

陆地包括了冰冻圈中的积雪、冰川、冻土及岩石圈与大气的相互作用，包括了各种物质、热量、水汽输送与转换以及土地利用变化等。当地面气温异常升高导致岩石风化作用加剧，进而陆面的结构或其粗糙度在风吹过陆面的时候可从动力学上影响大气运动；土壤的水分、植被覆盖等陆面状况异常可以引起地表反照率变化，从而形成气温的正反馈机制。同时土壤的水分状况可以通过水循环影响地表蒸发，直接影响陆地和大气之间的水分交换及能量转换，而土壤的温度可以影响陆地—大气之间的热交换，对气候变化起到一定的反馈作用；陆面上所覆盖的不同类型的植被可以通过对水循环、地表反照率的影响，也会直接或者间接影响全球碳循环过程，影响陆地—大气相互作用，从而影响气候。例如亚马孙河流域热带雨林的砍伐对全球和局地的气候变化就有着重要的影响。

冰冻圈、高原积雪和西太平洋暖池对气候的影响

冰雪表面比较平滑，对入射的太阳辐射具有很强的反射作用，它几乎可以将垂直射入地面的辐射全部反射回去，是影响极地气候的一个重要因子。同时冰雪的热传导率低，是良好的绝缘体，能减少大气、海洋及陆地之间的热量交换，如海冰是冷的极

地气团和冰面下相对暖的海洋之间的绝缘层。冰雪融化还能够吸收大量的热量、海水结冰或融化时盐度的变化可以影响海洋的层结稳定。高纬海域海水的下沉与南极底层水、北大西洋深层水的形成直接相关，海洋层结的改变，将最终影响到海洋环流的结构，进一步增大反馈机制，所以冰雪的反馈一直受到特别重视。

③ 人类活动与气候变化

　　全球气候应该说一直是变化的，在 19 世纪中期以前，人类对地球环境的影响尚不显著，随着人类社会的发展，全球人口的增长，特别是工业化进程的推进，气候变化的脚步在发生明显的变快。现有的研究表明，对地球气候系统产生作用的人为因子主要包括：二氧化碳等温室气体的排放、硫化物等气溶胶的排放以及土地利用／土地覆盖变化引起的陆面特征及人为辐射强迫的改变等。工业化时期以来，人类活动对地球气候系统最显著的影响是造成了全球气候增暖，并且这一时期人类活动对气候的影响已经远远超过了自然过程导致的变化。在最新发布的 IPCC 第六次评估报告第一工作组评估报告中已经明确指出，"毋庸置疑人类活动引起了大气、海洋和陆地变暖，并且造成大气圈、海洋、冰冻圈和生物圈都发生了广泛而迅速的变化"。

温室气体的增加

　　工业化以来，人类活动造成温室气体浓度明显增加（图 2-11），工业化的发展，人们大量地燃烧化石燃料煤、天然气和石油，这些化石燃料的燃烧使大量的二氧化碳进入大气。除此而外，随着人口的增加，森林的持续减少也是二氧化碳增加的一种方式，这可以从两个角度来解释：一方面植被燃烧或退化时会释放出二氧化碳；另一方面被认为是森林破坏引起大气二氧化碳浓度上升。从植物生理代谢角度考虑，这一点可完全肯定，因为植物最基本的代谢功能就是吸收二氧化碳放出氧气，而当森林大面积减少后，植被对二氧化碳的吸收量必定下降，从而间接引起大气中二氧化碳浓度升高。除森林外，其他植被破坏同样会导致大气二氧化碳浓度升高，因为各种植被对大气二氧化碳均有较强的吸收功能，一旦植被退化成荒漠，植被的这种功能便急剧降低。据估计，目前因全球森林破坏引起的二氧化碳浓度上升约占二氧化碳浓度增加总量的 24%。在植被减少中，热带地区的森林退化非常突出，由于牧场、农场的扩大和盲目商业采伐，分布在南美、非洲、东南亚和印度尼西亚的大片热带雨林正在消失。

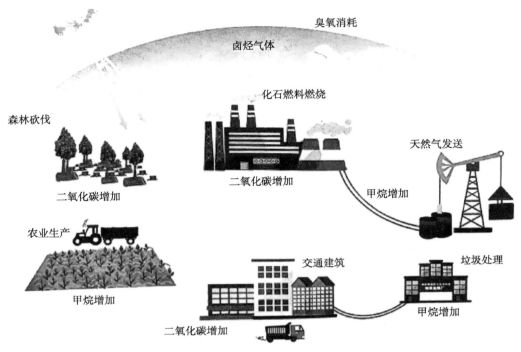

图 2-11　人为因素导致温室气体增加

　　农业生产也是温室气体的排放源之一，联合国政府间气候变化专门委员会（IPCC）2019 年 8 月 8 日在《科学报告》上发表的最新报告指出，全球粮食系统贡献了温室气体排放量的 37%。随着全球变暖、土地荒漠化等环境问题越来越严峻，人类已经在摸索新型的生活方式来拯救地球。根据美国全球广播公司财经频道（CNBC）报道，美国有 3% 的温室气体排放来自奶牛，而全球畜牧业的温室气体排放量占到人类总排放量的 14.5%，高于全球机动车辆排放量的总和。

　　目前温室气体的总浓度已经远远超出了冰芯记录得到的过去 80 万年以来的浓度值，20 世纪以来全球二氧化碳、甲烷和氧化亚氮浓度的增加平均速率是过去 2.2 万年来前所未有的。2019 年，人类活动导致排放的这 3 种气体都再创新高，分别达到 410 ppm、1877 ppb 和 332 ppb。图 2-12 给出了器测时代以来这 3 种温室气体随时间的变化情况，可以清晰地看出，由于人类活动的排放，它们都表现出准线性的上升趋势。这些温室气体随着时间在大气中积累，浓度逐渐增加。温室气体具有吸收长波辐射的特性，随着这些气体的增多，大气更多地吸收了地面长波辐射，提高了大气温度；增加了大气逆辐射，补偿了地面损失的热量。这就是我们通常说的温室效应增强。

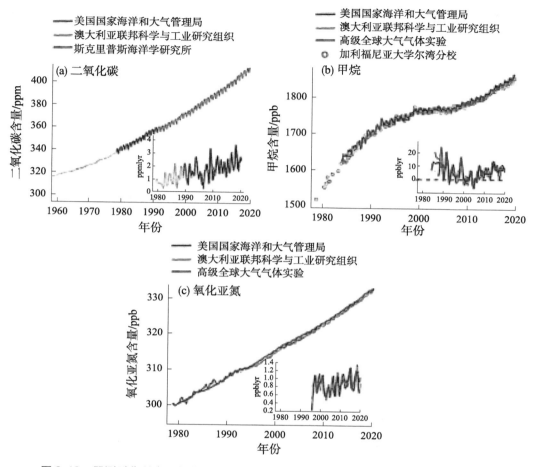

图 2-12　器测时代以来二氧化碳（a）、甲烷（b）和氧化亚氮（c）含量随时间的变化

（来源：IPCC 第六次评估报告）

人为排放气溶胶增加

人类活动向大气中排放硫酸盐、硝酸盐、铵盐、有机气溶胶、黑碳（化石和生物质燃料不完全燃烧排放的碳化合物）、矿物气溶胶（主要包括沙尘）以及生物气溶胶颗粒物等。其中黑碳气溶胶主要来自燃料的不完全燃烧，它对于太阳辐射有强烈的吸收作用，可以吸收的波长范围从可见光到近红外，其单位质量的吸收系数比沙尘高两个量级（100 倍）。因此，尽管大气气溶胶中黑碳气溶胶所占的比例较小，但是它对区域和全球气候有着很大的影响。同时这些气溶胶可以阻挡太阳光的照射，把太阳光反射回宇宙空间，使气温降低，导致"阳伞效应"，也可以称为"冷却效应"。具有高信度的是人类活动导致了全球大气气溶胶浓度增加，气溶胶及其与云的相互作用已经抵

消了很大一部分源于充分混合的温室气体引起的全球变暖,但不同气溶胶具有不同的气候效应,需要具体分析。

人类排放的硫酸盐、硝酸盐、粉尘等气溶胶将可以阻挡太阳光的照射,把太阳光反射回宇宙空间,使气温降低,即"冷却效应"。虽然全球暗化现象会抵消升温,但如果减少大气层中悬浮粒子的污染,温室效应就会凸显其严重性。

人为排放气溶胶的气候效应较为复杂,整体来说为负的辐射强迫,即"冷却效应"。气溶胶是由大气介质与混合在大气中的固态、液态颗粒物组成的多相(固、液、气3种相态)体系,是大气中的微量成分。大气气溶胶主要分为无机气溶胶(如硫酸盐、硝酸盐、铵盐和海盐)、有机气溶胶、黑碳(化石和生物质燃料不完全燃烧排放的碳化合物)、矿物气溶胶(主要包括沙尘)以及生物气溶胶颗粒物。大气中的黑碳、硫酸盐、硝酸盐和铵盐气溶胶主要来源于人为排放,而沙尘、海盐气溶胶等以自然排放为主。在对流层中,沙尘也是气溶胶的重要成分之一。人类活动导致了全球大气气溶胶浓度增加,人为气溶胶的总体辐射效应可使地球降温,随着全球空气污染政策的进展,以及释放到大气中的气溶胶数量的减少,这种冷却效应预计在未来将会减少,而且不同气溶胶具有不同的气候效应,需要具体分析。

人类土地利用以及土地覆盖的改变

人类社会的工业化进程、城市化发展等活动改变了土地的使用方式,同时也改变了土地覆盖物的类型,这样的变化直接造成了陆地表面物理特性的变化,改变了陆表和大气之间的能量以及物质交换,影响了地表的能量平衡,进而对区域气候变化特征产生重要作用。

当人类扩大农田和牧场,自然生态系统将被破坏。比如1980—2000年,热带地区一半以上的新农田开垦是以破坏完整森林为代价的,另有28%来自已经被采伐过的森林。人类活动对大范围植被特性的改变首先表现为会影响地球表面的反照率。例如农田的反照率就和自然地表有很大的不同,特别是森林,森林地表的反照率通常比开阔地要低,因为森林中有很多较大的叶片,入射的太阳辐射在森林的树冠层中会经历多次的反射、折射,导致反照率降低。这种效应在雪地上尤为显著,因为开阔的地面上容易大面积地被雪覆盖,从而具有较高的反照率。然而在森林中,树木可以生长在积雪之外,树木庞大的树冠甚至可以遮住地表的积雪,使得被积雪覆盖的森林反照率相对较低。

其次改变土地利用可以改变大气、土壤和地下之间的水交换(图2-13),具体来说土地覆盖度的变化会影响土壤吸收地表水的能力(渗透)。当土壤失去吸收水的能力时,通常会渗入并促进地下水储量的降水反而会溢出,增加地表水(径流)和发生洪水的可能性。改变土地利用也会改变土壤的潮湿程度，影响地面加热和冷却的速度，以及当地的水循环。干燥的土壤蒸发到空气中的水更少，但在白天加热得更多。如果空气中有足够的水分，这将导致更温暖、更有浮力的气流，从而促进云的发展和降水。土地利用的变化也可以改变空气中微小的气溶胶颗粒的数量。例如，工业和人类活动可能导致气溶胶排放，森林或盐湖等自然环境也是如此。气溶胶通过阻挡阳光来冷却全球温度，但也会影响云的形成，从而影响降水的发生。同时土地利用变化目前占人类活动二氧化碳排放的 15%，导致全球变暖，这反过来影响降水、蒸发和植物蒸腾。事实上有大量证据表明，土地利用和土地覆盖的变化通过改变降水、蒸发、洪水、地下水和各种用途的淡水的可用性，改变了全球、区域和当地的水循环。由于水循环的所有组成部分都是相连的（并与碳循环相连），土地利用的变化传递到水循环和气候系统的许多其他组成部分。

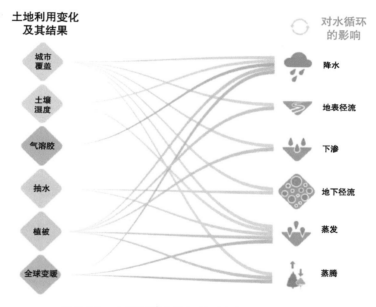

图 2-13　土地利用变化及其对水循环的影响

此外，人类社会发展造成的快速城市化进程会导致建筑面积的急剧扩张和耕地的减少，城市的热岛效应会显著地加剧城市地区纯粹由于温室气体等外强迫所导致的变暖。在 IPCC 第六次评估报告中称城市是全球变暖的热点地区。在报告中提出城市地区的空气温度可能比周围地区高出几摄氏度，尤其是在夜间。这种城市热岛效应是由几个因素造成的，包括由于靠近高层建筑而减少的通风和吸热，直接由人类活动产生的热量，混凝土和其他城市建筑材料的吸热特性，以及植被数量有限。持续的城市化和气候变化作用下日益严重的热浪将在未来进一步放大这种影响。在缺乏植被和水体的城市中，城市热岛效应被进一步放大。但是目前的观察结果，包括对城市热岛效应的长期测量，目前过于有限，无法充分了解城市热岛在世界各地以及不同类型的城市和气候区之间的变化，以及这种效应在未来将如何演变。但是可以肯定的是，在未来，气候变化平均而言对城市热岛本身的影响有限，但持续的城市化以及更频繁、更长、更温暖的热浪将使城市更容易暴露于全球变暖的影响。局地活动对气候影响见图 2-14。

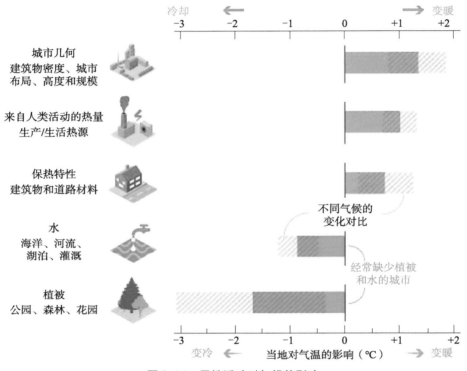

图 2-14　局地活动对气候的影响

综上所述，人类 3 种活动对气候变化产生明显的影响。一是温室气体的增加，其次是人为气溶胶的排放，第三是通过土地利用改变地表土地覆被，从而导致气候产生变化。IPCC 第六次评估报告更加肯定了人类活动对气候变化的影响。

自然和人类谁是气候变化的主要推手

在过去漫漫历史长河中，忽冷忽热的气候影响着人类的迁徙和朝代更迭。然而随着时光的流逝，二氧化碳造成温室效应，极地冰融化海面上升，全球臭氧层变薄，酿成这一切的背后推手到底是谁？人类对气候变化的研究方法有很多，也会得出不同的结论，当我们再来探讨各方观点提到的气候变化的推手的时候，希望读者结合现有的认识也能形成自己的观点。

人类首先认识到气候的季节时空变化特征，最著名大胆预测的是玛雅人（图2-15）。普遍认为玛雅文明是世界上最神秘的文明之一。玛雅人发源于中美地区，距今已有 3500 多年的历史。这是一个崇拜太阳的民族，他们通过观测太阳运行制定出非常精密的历法预测世界末日。尽管他们对世界末日的预言错了，但是他们依据观测记录季节变化、安排农业生产，取得了巨大的成就。

图 2-15　玛雅文明

图 2-16　英国巨石阵

图 2-17　山西陶寺观象台

梅熟迎时雨，苍茫值晚春。海雾连南极，江云暗北津。

柳宗元《梅雨》

故人西辞黄鹤楼，烟花三月下扬州。

李白《送孟浩然之广陵》

五月天山雪，无花只有寒。笛中闻折柳，春色未曾看。

李白《塞下曲》

我欲乘风归去，又恐琼楼玉宇，高处不胜寒。

苏轼《水调歌头》

图 2-18　古代诗歌关于气候气象的记录

在英国离伦敦大约 120 千米的一个叫作埃姆斯伯里的小镇，矗立着可能是石器时代最顶尖的成就——巨石阵（图 2-16）。巨石阵由巨大的石头组成，最大的石块重达 50 吨，它们形成了一个直径超过 100 米的硕大圆环。更奇特的是，夏至时，太阳和主轴线位于同一条直线上；其中还有两块石头的连线指向冬至日落的方向。

在中国的陶寺遗址，研究者复原出了一组古观象台，古观象台由 13 根土著围成半圆形，简单地告诉古人二分二至（春分、秋分、夏至、冬至）的时间（图 2-17）。在原始农业生产中，农业收获主要依靠天时，古人只有知道何时播种、何时收获才能保证粮食丰收。因此这是一种契机，古人开始了一种原始的气候预测。

在历史时期的文字记载中，有很多关于气象的记录，特别是很多中国古代诗歌文献有关于气候气象的记录（图 2-18）。从这些诗句中我们可以发现既有关于中国季风、梅雨的记录，也有不同区域、不同海拔的记录，甚至有低层大气和高层大气的记录。但是古人是否注意到气候变化呢？其实古人对气候的记录明显有记异不记常的特点，有很多反映气候异常的记录。比如东晋高僧法显取经路过楼兰古城，在《佛国记》中记载"上无飞鸟，下无走兽，遍及望目，唯以死人枯骨为标识耳"。这位高僧是不是在独行中已经开始思考气候的巨变？

北宋沈括的《梦溪笔谈》卷 21 记录"近岁延州永宁关大河岸崩，入地数十尺，土下得竹笋一林，凡数百茎，根干相连，悉化为石""延郡素无竹，此入在数十尺土下，不知其何代物。无乃旷古以前地卑气湿而宜竹邪？"

乾隆还曾准确地记录过气候变化呢（图 2-19）。

对于气候变化的认识是一个很有意思的过程，在 1972 年一群知名科学家向美国总统建议关注气候变化，认为气候变化将带来一系列恐怖的战争、瘟疫等。

但是当时预测的是气候将变冷，认为新的冰期将要到来，甚至 1974 年英国广播公司（BBC）出品了一部讨论全球变冷的纪录片，提到人们应该准备应对长期的严寒季节，俄罗斯人已经在尽快建造破冰船了。

就变暖作为科学研究，它的历史可以追溯到很早以前，特别是温室效应的发现，以及 3 位"歪打正着"的科

> **《气候》**
>
> 气候自南北，其言将无然。
>
> 予年十二三，仲秋必木兰。
>
> 其时鹿已呦，皮衣冒雪寒。
>
> 及卅一二际，依例往塞山。
>
> 鹿期已觉早，高峰雪偶见。
>
> 今五十三四，山庄驻跸便。
>
> 哨鹿待季秋，否则弗鸣焉。
>
> 大都廿年中，暖必以渐迁。

图 2-19　乾隆记录的气候变化

学家。这些温室效应加强的研究为气候变暖提供了理论支撑。1979 年美国科学顾问团成员杰森提交了一份报告，通过计算机模拟显示，未来温室气体排放将在 2035 年增加一倍，并且温度上升 2～3 ℃。仅仅 1970 年代的 10 年间，科学认识就发生了 180°的大转变，科学家从恐惧下个冰期即将到来倒戈到全球变暖阵营。在这个转变中，气候学家也充满担忧，是否他们又在下一个为时过早的结论。另一方面，1970 年代末全球变暖开始逐渐演变为政治问题。但此时人们并不担心全球变暖的问题，认为那是一切尽在掌握中。

1988 年，美国航空航天科学家吉姆汉森在美国国会的质询会上发出了三点言论：① 1988 年是有观测记录以来最热的一年；②全球变暖程度已经大到足以得出全球变暖与温室效应有关；③计算机气候模拟表明温室效应已经大到足以开始影响极端气候事件的发生。这些言论说明了什么问题？人类该如何应对呢？

科学研究也发现气候变化不总是缓慢的，并且全球变暖留给人们的时间不多了。在世界气象组织和联合国环境机构支持下成立了一个国际委员会来调查全球变暖，这就是著名的政府间气候变化专门委员会即 IPCC。它由各国代表组成，代表们可以在这里自由争论发出声音。这个组织体现国际政治的民主化，科学家的广泛参与也使得这一组织更加自由，从而对政策产生了跨国界的影响。

IPCC 大概每 5 年将最新研究成果汇集并发布一份关于气候变化的评估报告。报告分为 3 个部分，分别是第一工作组"自然科学基础"，第二工作组"适应和脆弱性"，第三工作组"减缓气候变化"。下面分组来看 5 次评估报告的主要内容。

第一次评估报告发布于 1990 年。报告总结得出全球的确一直在变暖，而且承认变暖在很大程度上是由自然过程造成的。人类对全球气候的影响是可以观察到的。当

然此份报告也指出,科学家还需要 10 年来确定温室效应是否会带来气候变化。

1995 年第二次评估报告发布。过去 50 年的变暖可能大多是温室气体浓度增加造成的。自 1750 年以来,人类活动影响是变暖因素之一。

2001 年,第三次评估报告发布。全球正在快速变暖得到更加肯定。过去 50 年,变暖可能大多是温室气体浓度增加造成的,报告作为全球变暖的科学依据,对国际气候变暖谈判提供了有力支持。

第一次评估报告发布两年后,联合国气候变化框架公约(UNFCCC)诞生。第二次评估报告发布两年后,签订了《京都议定书》。

2007 年发布第四次评估报告,这次报告继续支持全球变暖是人类活动的影响。因为对全球气候变化的长期贡献,该组织和美国副总统戈尔共同获得了 2007 年诺贝尔和平奖。同年,英国 BBC 播出《全球变暖的大骗局》。片中的科学家质疑全球变暖的研究,接下来的一系列事件让人们对 IPCC 报告的科学性产生了质疑。IPCC 遇到了真正的挑战。

2009 年,哥本哈根气候大会受到重大挫折。之后气候变化谈判一直陷入胶着,近年来气候政治的强劲势头也遭到了打压。2013 年,IPCC 第五次评估报告艰难产出。作出了以下结论:1880 年到 2012 年,全球气温增暖 0.85 ℃。1983—2012 年非常可能是 800 年来最温暖的 30 年。IPCC 第六次评估报告提出,相对于 20 世纪的气候变化,近年来已经发生了前所未有的极端情况。如果没有人类对气候的影响,最近的一些极端炎热事件发生的可能性很小。在未来,随着气候继续变暖,将会出现前所未有的极端情况。这些极端情况将以比以前经历过的更高的频率发生。极端事件也可能出现在新的地点,在一年中的新时间,或作为前所未有的复合事件。此外,随着全球变暖程度的提高,前所未有的事件将变得更加频繁,例如全球可能变暖的 3 ℃,而不是变暖 2 ℃。

对待气候变化的认识,随着人类科学技术的进步,可能会有更进一步的提高,也许我们可以从过去来寻找未来的影子,也许可以在现在看到未来的趋势。

参考文献

弗雷德里克·K.鲁特更斯,爱德华·J.塔巴克,2016.气象学与生活[M].陈星,译.北京:电子工业出版社.

李忠明,李蓓蓓,魏柱灯,等,2020.气候变化与人类社会[M].北京:气象出版社.

兰生,方修琦,任国玉,2017.全球变化(第二版)[M].北京:高等教育出版社.

阿瑟·格蒂斯,朱迪丝·格蒂斯,杰尔姆·D.费尔曼,2017.地理学与生活[M].黄润华,韩慕康,孙颖,译.北京:北京联合出版公司.

第三章

科学家如何研究过去的气候变化

历史是什么？是过去传到将来的回声，是将来对过去的反映。

——法国作家 维克多·雨果

气候不是一成不变的，而是一直在变化。那么如何监测和记录过去气候的变化情况呢？气象观测是研究过去气候变化的手段之一，但是这种借助于各种观测技术手段所获得的环境信息的时间长度比较短。世界上最长的气象观测记录只有300余年，大多数地区不足100年，并且在南极和北极以及非洲等区域甚至缺失长时间的气候观测。要研究更长时间尺度的气候变化，科学家们需要寻找能重建过去气候变化信息的证据。这些证据要能直接或者间接反映所在时间段内的气候变化情况。其中的自然证据是保存至今的各种自然体，如沉积物、冰芯、树木年轮等。另外，一些与人类有关的证据存在于考古和历史文献中，记录了人类遭遇或者适应环境变化的事件，从而反映过去尤其是历史时期的气候变化。

古气候重建所依据的自然证据与人类有关的证据，均是重建气候变化的代用指标，具有更长的时间覆盖范围，分布地区广泛，能够弥补观测记录的不足，揭示更长时间尺度的全球变化历史。但与观测记录相比，代用资料有许多局限性，如记录不规范、连续性差，记录混杂在其他多种干扰因素之中等，需要经过提取、鉴别才能使用。

 # 树木年轮——宽窄记录环境变迁

当我们观察树的剖面时，会发现有一圈一圈的纹路，这就是树木年轮。树木年轮是如何形成的呢？由于树木只在一年的一定季节生长，并且有快速生长和缓慢生长的差异，造成了木质部细胞的大小和颜色差异。在季节差异明显的地区，温暖或湿润的生长季树木生长快，细胞大而细胞壁薄，形成较宽的浅色早材；寒冷或干燥的季节树木生长缓慢，细胞小而细胞壁厚，形成较窄的暗色晚材；晚材和第二年的早材之间界限比较明显，所以一年内的早材和晚材合起来为一个年轮（图3-1），代表着树木经历了所生长环境的一个周期的变化。当光、热、水、肥充足时，形成层细胞分裂较快较多，容易形成宽轮；当气候环境条件不利、树木生存艰难时，就会形成窄轮。年轮的宽度、密度和细胞学特征，都可以用于重建树木生长地区的环境状况，其中树木年轮宽度是最主要、最常用的。年轮宽度主要用来研究树木生长与环境变化的规律，旨在获取气候代用资料重建过去数百年甚至数千年的生态环境变化的史实。科学家们很少用生长在热带的树，因为在热带地区，树生长得会很快，树轮之间宽窄区别不大，不能明显反映过去气候变化的信息。温带地区的松、柏等针叶树种和一些阔叶树早晚材差异显著，具有十分清楚的年轮。树木年轮可提供时间分辨率为年或季的全球变化信息，是重建几十年到几百年尺度全球变化的最重要的信息源之一。

图 3-1 树木年轮中的早材和晚材

要采集树木年轮的样本，需要用专门钻树芯的工具——生长锥。生长锥有短有长，打开里面有一个空心钻，钻头有类似牙齿的掏丝，掏进去能把树芯咬住，再反转拿出树芯。这个工具轻便易携带，方便野外采集样本（图 3-2）。转出来的树芯在研究之前需要经过打磨。

图 3-2 利用生长锥钻取树芯

对树木年轮精确定年是实验研究的重要环节，但相当多的树木年轮并非清晰易辨，树木在生长过程中受周围环境和气候的影响，年轮会出现部分"缺失"和"伪轮"，在极端干旱或寒冷的年份，会影响树木形成层的细胞分裂，就会"缺轮"；树木正常生长过程中，如果突遇寒流或短期干旱，形成层细胞分裂有时会短暂停止后又恢复，这样一年内就会形成多轮，称作"伪轮"。这些现象对精确定年造成很大困难，需要借助专业的"交叉定年"方法，即通过大量生活在相似生境、有共同生长时期的年轮样品间的相互交叉验证，通过不同树木样芯之间年轮宽窄系列格式匹配，确定出"缺轮"和"伪轮"。"交叉定年"方法不仅能帮助精确定年，还能通过比对年轮的特征，将活树、死树与古木样品（通常来自古墓、古建筑、沉船等）产生的年轮序列进行交叉验证与时间"拼接"。通过这种方法，国际上已"拼接"了超过 1 万年的树木年轮记录。在我国，也有长达 6700 年的树木年轮记录，就是利用采自青藏高原东北部柴达木盆地边缘的祁连圆柏活树与死树年轮"拼接"所产生的。

　　需要说明的是，"交叉定年"法的确立和应用与美国天文学家道格拉斯有很大关系。道格拉斯于 1894 年建立天文观测站时发现，大量被砍伐的树桩具有相同的年轮格式，这使他联想到年轮与气候、与太阳活动的关系。之后道格拉斯又观察到 1900 年的干旱树在树木年轮序列中留下极窄的年轮，于是推断在同一地区 1900 年后砍伐的树木都会在年轮系列中保留此特窄的年轮。从 1914 年起，道格拉斯耗费 15 年的时间探索当时最大的废墟考古之谜，包括科罗拉多州普韦布洛印第安人村庄等。1929 年他采集到一活树年轮样本，他将其研究的古建筑年轮桥接起来，终于使全部废墟得以定年（图 3-3）。道格拉斯的这项研究被视为考古学研究的里程碑，使得树木年轮学成为科学研究的一支主流，因此道格拉斯也被后人奉为"树木年轮学之父"。

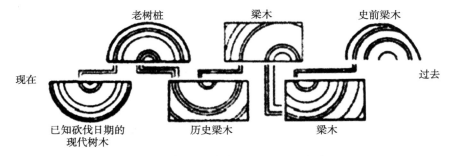

图 3-3　道格拉斯借助桥接法建立树轮序列

　　青藏高原及其周边山脉被称为"世界第三极"，是全球中低纬度冰川分布最为集中的地区，为亚洲多条大河提供水源。然而，随着全球气候变暖，这些冰川正在日渐退缩，给人类生存环境带来巨大影响。根据中国科学院 2018 年在青藏高原综合科考结果，青藏高原及其相邻地区的增温速度是全球平均值的两倍，冰川面积退缩了 15%。冰川退缩面积与地区产水总量间的动态平衡被打破，一些灾害如冰崩、洪水等也随之而来。因此，了解青藏高原冰川的历史变化对于应对全球变化具有重要意义（图 3-4）。但青藏高原地处偏远，气候恶劣，能观测冰川的途径十分有限。目前大多数对冰川的研究都是基于卫星数据，能够提供的观测记录年限只有 30 年之短。

　　为了突破这一局限，中国科学院青藏高原研究所朱海峰教授用树木年轮作为一种独特的指示器，探索了青藏高原冰川变化的历史脉络。树木年轮学具有精确定年、分辨率高、连续性强和复本易得等特点，在全球变化和生态学研究领域有着不可替代的价值。从 2009 年开始，由朱海峰带领的科研团队开始研究在中国、尼泊尔和巴基斯坦境内的冰川附近树木年轮。

朱海峰教授采用两种方法来利用树木年轮反映冰川变化。第一种方法是通过冰川退缩迹地上树木的年龄，来推断几十年甚至上百年前冰川退缩的时间。在条件适宜的地

图 3-4　珠峰下的冰川

区，树木会随着冰川退缩的过程，在冰川的遗迹上萌芽生长。2014 年，研究人员到巴基斯坦境内喜马拉雅山最西端的南加帕尔巴特峰下面的 Raikot 冰川（图 3-5）开展研究。1934 年，德国人曾到这条冰川进行考察，图 3-5 中蓝色的线是当时冰川末端的边界。而 2014 年，冰川已经退缩了很远，原来是冰川的地方（黄色虚线框内），已经生长了很多树木。如果知道这些树木的年龄，就可以知道冰川退了多久之后树木才能长出来。经过一系列树种选择和取样，找到了冰川遗迹上最古老的一棵乔松萌芽于 1945 年。据此推测，从冰川退缩后开始算起，乔松在 11 年之内就可以生长过来。

图 3-5　喜马拉雅山的南加帕尔巴特峰 Raikot 冰川不同年代下的对比（巴基斯坦境内）

（a）1934 年；（b）2014 年

第二种方法是寻找被冰川带来的大块岩石砸过的树木，通过树木年轮的异常结构确定冰川前进的时间。原本有树木的地方，一旦冰川前进，就容易被带来的大块岩石砸伤。受伤的树木会分泌很多的松脂对伤口进行保护，这就需要有较大的管道（树脂道）来传递松脂。通过显微镜可以看到，树木被砸后，年轮里面出现的几个小洞就是

异常大的树脂道。通过确定异常树脂道所在年轮的年份，我们就可以知道冰川是何时前进到这里并砸伤树木的（图3-6）。

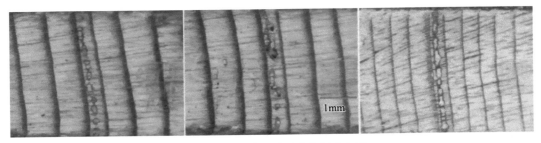

图 3-6　树木被砸后形成的树木年轮

　　通过树木年轮研究青藏高原及周边山脉的冰川对气候变化的响应是一种创造性的研究工作，这样的研究也能为预测未来冰川变化提供借鉴。目前，我国已经形成了以树轮气候学、树轮水文学、树轮生态学等为主干，以树轮化学、树轮考古学、树轮地貌学、树轮冰川学等为分支的系统学科，在历史气候重建、气候变化与区域响应、生态管理等基础科学研究与应用领域均发挥着重要作用。新疆天山和阿勒泰山区，由于器测记录时段较短、气象站点缺乏，是我国最早开展树轮气候学研究的区域之一，从20世纪七八十年代开展树轮研究以来，相关学者已经在该区域采集了大量样本，利用宽度、密度等气候指标序列，为延长气象与水文记录、重建千年以来气候变化历史提供了宝贵的资料；中国气象局乌鲁木齐沙漠气象研究所的树木年轮库已成为迄今为止中国乃至亚洲最大的树木年轮库，其样品采集与数据处理方法成熟、经验丰富，堪为我国树轮学界标杆。现在，我国树轮气候学研究范围不断扩展，树轮样点已几乎遍布全国。

 冰芯——水与气泡装载气候奥秘

　　2022年2月20日，北京冬奥会闭幕。成功举办这场冰雪赛事，离不开高质量的人造雪。2016年以前，中国连一条合格的冰状雪赛道都做不出来，是一位"普普通通的中国老头"，带领团队用5年时间造出"冰状雪"，实现了用雪自由！他就是中国科学院院士、中国冰冻圈与气候变化学科领域的首席科学家——秦大河。从南极到北极、从珠穆朗玛到喀喇昆仑，都留下过他的足迹。在他的主持下，我国建成了冰冻圈科学国家重点实验室，他还联合其他相关专业科学家花了近10年时间，建立和完善了一门全新的学科——冰冻圈科学，这门学科与环境、气候、世界经济和地缘政治都有着密切的联系。

冰冻圈是由冻结状水体形成的围绕地球表面的一个圈层，包括冰川、冰盖、冻土、积雪、海冰、湖冰、河冰、冰架、冰山等自然界的个体，同时也包括大气中的各种雪。冰雪是由大气中的液态水形成的，水作为自然界最常见的溶质，包含各种化学元素，各年份的降雪形成连续冰川冰层，构成了地球环境化学元素的历史记录，这些记录能够分析出当时当地的历史温度、火山活动、太阳活动和环境突变事件等信息。

在海拔高或者纬度高的地区，气候寒冷，常年不化的积雪经物理累积，下层的积雪由于重力压实作用变为冰层。由于降水具有季节性，因此冰芯也可以形成像树木年轮一样的年层，每一层雪的化学成分和质地都不一样，夏季雪和冬季雪也不同，薄的为夏季降雪形成的冰层，厚的为冬季降雪形成的冰层。顶部的冰层年代最新，而底层的冰层年代最老。与其他可以提取气候信息变化的介质相比，冰芯的"性价比"更高，因为它在低温下保存，不容易"失真"；分辨率也高，记录的序列长达几十万年，信息量大，因此受到科学家的青睐（图3-7）。

图3-7　冰芯样本

地球上哪些地方可以钻取冰芯呢？一是中高纬度山岳冰川广泛分布的地方，如我国的青藏高原，另外就是极地地区。研究冰芯主要是研究其中的水和所含的气泡。冰芯中的气泡是怎么形成的呢？降雪在下落到地面的过程中会裹挟大气中的微粒、花粉以及生物残体等，这些在冰川中最后保留下来的物质能够反映出历史时期火山活动、生物种类和数量变化等环境信息。此外，冰川冰由泡沫状雪粒形成，在形成过程中，雪粒中的空气被挤压形成了一个个小气泡保存下来。这些气泡如同一颗颗珍贵的时间胶囊，储存了形成年份的大气信息，包括大气各气体比例、二氧化碳和甲烷等温室气体含量等。冰芯中气泡的发现，打开了全球气候变化研究的大门，通过对冰芯中这些精准信息的分析和汇总，我们能够更清晰地了解气候环境演变的历史，以及温室气体变化对全球气温的影响。

冰芯中气泡的发现还有一段有趣的故事。19世纪末，人类开始了对极地的探索，在20世纪中期格陵兰岛上冰盖的科研营地，科研人员钻取了冰盖内的冰芯，最初是用于对极地气温和环境的研究。当时一些钻取的冰芯在测量温度后没什么用，被他们切成一小段，挖开做成杯状来装酒喝。晶莹剔透的冰杯装上美酒，赏心悦目。一位科学家在品酒时由于"冰芯酒杯"透镜效应发现冰芯之中有许多小气泡，当时脑中灵光闪现，发觉气泡是储存古气候的时间胶囊。冰芯中气泡的发现，打开了古气候研究的一扇大门。

在冰芯的各化学元素中，氧的同位素研究是重点内容之一，自然界中存在着 ^{18}O、^{17}O 和 ^{16}O 3 种同位素，其中 ^{17}O 的含量极小。海水的 ^{18}O 受全球冰量和海水盐度的控制，其中海水的盐度变化较小，海水 ^{18}O 主要受全球冰量控制。在水的蒸发过程中轻的 $H_2^{16}O$ 分子较之 $H_2^{18}O$ 分子更易于蒸发并达到陆地。在寒冷的冰期里，大陆冰盖扩展，大量的 ^{16}O 含量的淡水被固定在冰盖中，不再回归大洋，导致大洋中的 ^{18}O 比例显著增高。所以冰芯中的 $^{18}O/^{16}O$ 值，反映了全球 / 半球的温度变化，测试表明，温度每降低 1 ℃，冰芯中的 $^{18}O/^{16}O$ 值在格陵兰地区降低 0.70‰，在南极地区降低 0.75‰，在青藏高原北部降低 0.65‰。根据这种关系，可以由冰芯中的 $^{18}O/^{16}O$ 值推断温度变化。

从冰芯中还能提取许多其他环境变化信息。冰川的净积累率（净积累率 = 年层厚度 × 冰雪密度）可以作为降水量变化的指标。在由雪转换成冰的过程中，二氧化碳、甲烷等温室气体被包裹在冰中的气泡里，记录着气泡生成时的大气成分，因此，从冰芯的气泡中可以提取二氧化碳、甲烷等温室气体变化的信息。另外，冰芯中可以揭示火山喷发的信息指标，如果中高纬度的火山喷发极为强烈，其喷发物质可以通过平流层影响到全球范围，在冰芯中留下记录（图 3-8）。

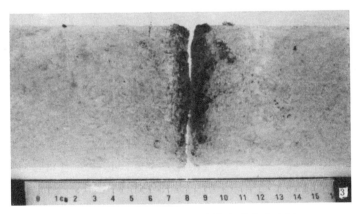

图 3-8　南极 WAISDivide 冰芯中的火山灰层

珠峰地区被认为是全球气候变化的前哨，分布在这里的冰川则是气候变化的指示器。在这个指示器中，对于冰芯的研究尤为重要。2023 年 5 月，2023"巅峰使命"珠峰科考在西藏珠峰地区开展。科考队需要完成极高海拔气象站技术升级、雪冰样品采集、冰芯钻取、冰塔林无人机航测、温室气体探测、岩石样品采集等十多项既定的科考任务。

　　珠峰地区是全球中低纬度地区冰川分布最集中的区域之一。科考队伍从珠峰大本营出发，要攀至东绒布冰川海拔 6530 米的垭口钻取冰芯，以重建微塑料等污染物变化的历史。

　　缺氧、暴风雪、大风、夜里零下二十多度的低温，都是科考队员们要克服的阻碍。一般来说，单次钻筒可钻取 50～60 厘米长度的冰芯，一期冰心钻取的科考工作要持续 5～7 天。获得的冰芯会被送到兰州的冰芯库，用于后续开展样品测试和数据分析等工作。

　　冰芯极具研究价值，冰芯的形成需要上万年的漫长时间，但随着全球气候变暖，冰川消融的速度却在加快，21 世纪末，全国多数小型冰川可能会消失，藏于喜马拉雅山地区的一些上百万年的冰川，在未来几十年里也可能陆续消失。减缓其消融迫在眉睫。2023 年 3 月 22 日，联合国秘书长古特雷斯在联合国 2023 年水事会议期间表示，冰川对地球上的所有生命都至关重要，除非全球变暖导致冰川融化致使海平面上升的趋势得以逆转，否则"后果将是灾难性的"，他呼吁采取更多的行动来敲响警钟。中国科学院西北生态环境资源研究院冰冻圈科学国家重点实验室将在珠峰地区获取更多的基础数据，对冰川未来如何变化作出更准确的预估。

③ 海洋沉积物——有孔虫壳体反映气候变化

　　一提到海洋生物，大家都会想到鲸鱼、海豚，以及各种鱼类，其实这些生物在海洋生物家族中，都算是"小门小户"。真正数量庞大的还是海洋微生物。它们处在海洋食物金字塔的底部。孔虫、放射虫、硅藻、颗石藻、甲藻等都属此类，只是对人类来说，它们实在太过"低调"，必须借助显微镜才能识别。而有孔虫，已经算是相当大个的微生物了——它们通常有几十微米到几毫米大。有孔虫是大海的资深居民。5 亿多年前的寒武纪，大海里就有了有孔虫的身影。有孔虫有多个分支，目前有记载的有孔虫种类多达数万种。

　　有孔虫是无组织无器官的单细胞生物，只能够分泌钙质或硅质，形成外壳，而且壳上有一个大孔或多个细孔，以便伸出伪足，故得名有孔虫。有孔虫壳体虽小，但是形态各不相同，有的像珍珠，有的如同贝壳，有的呈螺旋状（图 3-9）……有孔虫分为浮游有孔虫和底栖有孔虫两个类群。顾名思义，前者喜欢水上漂，而后者喜欢土里爬。不过，一旦死亡，浮游有孔虫便会向海底沉降。更多时候它们是被其他动物吃掉，然后和动物粪便一起沉到海底，成为沉积物的一个组成部分。有孔虫的碳酸钙壳体贴着时代的标签。发现它的壳体，就是发现它曾生活过的痕迹。所以这种有孔虫所处地层的年龄范围也可以随之划定。

表层海洋环境和沉降过程都对浮游有孔虫群落及其壳体化学组成有明显影响，海洋的水温、深度和盐分决定了浮游有孔

图 3-9　显微镜下的部分浮游有孔虫

虫生长、生殖和分布，因种类繁多，数量丰富，分布广泛，可生活于各种各样的海洋环境。浮游有孔虫仅占浮游动物总量的很小部分（2%～10%），但沉积在海底的钙质壳约占深海储碳总量的 20%。浮游有孔虫具有良好的保存潜力，并且对环境变化敏感，因此浮游有孔虫是目前古海洋学和古气候学中最重要的信号载体，作为环境指示生物可用于许多研究领域，被誉为"大海里的小巨人"。

前面在介绍冰芯的时候，提到了氧的同位素研究，在水的蒸发过程中轻的 $H_2^{16}O$ 分子较之 $H_2^{18}O$ 分子更易于蒸发并达到陆地。在寒冷的冰期里，大陆冰盖扩展，大量的 ^{16}O 含量的淡水被固定在冰盖中，不再回归大洋，导致大洋中的 ^{18}O 比例显著增高。有孔虫壳体中的碳酸根离子，与大洋中的碳酸根离子之间处在一定的平衡状态，如果气温下降，海水中的 ^{16}O 含量会减小，因此有孔虫壳体中的 ^{16}O 含量也相应地减少。以现代标准平均大洋水中的 $^{18}O/^{16}O$ 值为标准，可以计算不同时期沉积物中有孔虫残骸样品中的 $^{18}O/^{16}O$ 值与标准值的差值 $\delta^{18}O$。$\delta^{18}O$ 为正时，^{18}O 相对富集，显示全球冰量增大，气候寒冷；$\delta^{18}O$ 为负时，显示全球冰量减小，气候偏暖。根据 $\delta^{18}O$ 的变化，不但可以对全球冰量的变化进行推断，而且可以计算出有孔虫生存时期的温度。20 世纪 60 年代，美国和英国的科研工作者就利用氧同位素来研究第四纪气候变化。剑桥大学的沙克尔顿教授通过深海钻孔获取了丰富的海底有孔虫化石，测定了氧同位素值，绘制出了对应远古地质时期气候冷暖变化曲线，推翻了经典的"四次大冰期学说"。

随着现代观测技术的进步，我们可以通过室内实验室培养、沉积物捕集器、泵水取样、浮游拖网取样等方法手段，对现代浮游有孔虫的生态特征有了更进一步的了

解。每种方法手段都有自己的优点和不足。浮游有孔虫的实验室培养，可以定量地研究不同环境参数，如温盐、光照和营养盐等对浮游有孔虫生长的影响，但是缺点是实验室模拟的环境与海洋环境存在较大差别。沉积物捕获器可以获得连续时间序列的浮游有孔虫，用于研究浮游有孔虫的季节、年际变化，但是不足在于其捕获的浮游有孔虫基本上是死亡个体，也有可能是海流带来的，而且沉积物捕集器不能反映各浮游有孔虫的生活水深。泵水取样只能取得某一特定水层的浮游有孔虫，一般获得的浮游有孔虫个体也较少。与其他方法相比，浮游拖网在研究浮游有孔虫的垂直分布特征上具有明显优势，特别是最近广泛用于海洋生态研究的浮游生物垂直分层拖网，可以根据研究目的设定不同水深层位来获得浮游有孔虫样品，从而能直观地了解浮游有孔虫在水体中的垂直分布和平面展布，已成为当前研究浮游有孔虫现代过程的最有效工具之一。

要想获得大量含有有孔虫壳体的海洋沉积物，就需要进行海洋钻孔获取海洋岩芯。自 20 世纪 60 年代后期开始，国际社会陆续开展了大型的国际海洋钻孔计划。1968 年开始"深海钻探计划"（DSDP），1983 年该计划被"大洋钻探计划"（OPD）取代，2003 年"国际综合大洋钻探计划"（IODP）启动，2013 年该计划更名为"国际大洋发现计划"。IODP 的科学目标之一是理解极端气候和快速气候变化的过程，通过获取并分析海洋沉积物和岩芯，提供过去气候变化的重建资料。我国是"国际大洋发现计划"成员之一，并成立了中国 IODP 管理机构，包括中国 IODP 工作协调小组、中国 IODP 专家咨询委员会以及中国 IODP 办公室，办公室设在同济大学。在综合大洋钻探阶段积累的基础上，实施了 3 个 IODP 航次，促使我国进入探索海洋成因的地球科学研究新阶段，中国科学家的足迹遍布世界各大洋。当前，中国 IODP 正在积极推进成为国际 IODP 第四平台提供者，自主组织 IODP 航次，建设运行 IODP 第四岩芯库，进入国际大洋钻探领导层。

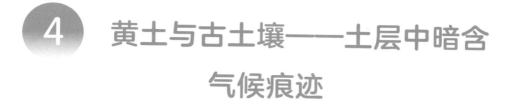

4 黄土与古土壤——土层中暗含气候痕迹

地理学界有这样的说法：目前人类了解地球的自然历史有 3 本书，一本是《深海沉积物》，一本是《极地冰芯》，最后一本便是《中国的黄土》。国际上认为，把"黄土"这本书念得最好的是中国的刘东生院士。

黄土是地球上分布比较普遍的一种松散堆积物，从地质学的角度，黄土是指在地质时代中的第四纪期间，以风力搬运的黄色粉土沉积物。它是原生的、成厚层连续分布，掩覆在低分水岭、山坡、丘陵地带，常与基岩不整合接触，无层理，常含有古土壤层及钙质结核层，垂直节理发育，常形成陡壁。原生黄土地层也会再受风力以外的营力搬运，主要是洪积、坡积、冲积成因，堆积在洪积扇前沿，低阶地与冲积平原上，有层理，很少夹古土壤，垂直节理不发育，不易形成陡壁。

世界上黄土的分布有一定的规律性，主要分布于干旱—半干旱的气候带上，包括现代的温带森林草原、草原及荒漠草原地区，南北半球对称分布，构成不连续的条带状。虽然南半球和北半球都有黄土分布，但以北半球为多。地球上，黄土的总面积约1300万 km^2，占陆地总面积的 9.3% 左右。如果把黄土均匀地铺在地球表面，可以形成厚约 1 m 的黄土层。我国黄土主要分布在干旱区和半干旱区，位于北纬 34°—45°，呈东西向带状分布，总面积约 63.5 万平方千米。其中黄河中下游的陕西北部、甘肃中部和东部、宁夏南部和山西西部是我国黄土分布最集中的地区，是世界上黄土连续分布最广、厚度最大、形成时间最久的黄土区。由于这个地区的地势较高，形成有名的黄土高原（图 3-10）。

图 3-10 黄土高原局部景观

关于黄土的成因，目前主要有风成说、水成说和风化残积说 3 种观点，其中以风成说的历史最长，影响最大，拥护者也多。风成说是由德国地理学家李希霍芬提出来的，他认为黄土来源于大气粉尘降落。粉尘受到雨水、霜雪、生物活动等作用，发生次生碳酸盐化、碳酸盐与黏粒物质构成微团粒或集合体，附着于堆积物根孔或虫孔内，形成大孔构造，又与氧化铁、锰等一起包裹粉尘颗粒呈黄色而成为黄土，并被搬运到沙漠以外的附近地区堆积形成黄土层。黄土的水成说认为，在一定的地质、地理环境下，成土物质可为各种形式的流水作用所搬运堆积，从而形成各种水成黄土。水成黄土具有层理结构特征。也有人认为水成黄土是原生的风成黄土经过流水搬运，与当地岩石碎屑相混合而成的堆积物，是次生黄土。但次生黄土在黄土高原区只是局部现象，似不足以概括全部黄土的成因。黄土的风化残积说认为，黄土是当地各种岩石在干燥气候条件下经过风化和成土作用而形成的，它不是从外地搬运来的。风化成土作用在黄土的形成中虽有一定作用，但是它难以解释数十米以至数百米厚的黄土层中的种种现象，如黄土的均质性和含碳酸钙，以及含有古土壤和大型古生物化石等特征。

中国科学院院士刘东生根据戈壁、沙漠到黄土的分带，以及黄土区黄土颗粒粒度由西北向东南逐渐变细的事实，得出黄土物质是风力搬运而来的，而且还发现黄土高原的地层、地质和岩性在广大范围内具有相似性和一致性。在此基础上，刘东生大胆地将过去只强调搬运过程的"风成说"扩展为"新风成说"，对黄土物质来源、搬运过程、搬运时的风力情况、沉积时的环境风貌以及沉积后的变化等全过程进行了阐述，形成了一套完整的理论。刘东生的"新风成说"平息了170多年黄土成因之争，揭开了黄土形成之谜，是目前最主流的黄土成因学说，得到了学界的广泛认可，被誉为"黄土之父"。

1954年，刘东生第一次参加了对黄土高原的研究考察，这次考察让刘东生发现关于黄土高原上黄土层的很多疑团，随着这些疑团的破解，刘东生逐步揭开了黄土高原的神秘面纱。考察小组来到了河南省会兴镇（即现在的三门峡市），发现这里的窑洞跟城市里的楼房一样，在同一个位置有好几层（图3-11），所不同的是，这些窑洞的房顶都是一片红色的土与下层一片被当地人称之为"料姜石"的石灰质结合层，科学名称为土壤层的淀积层，当地人就利用淀积层的坚固性来做了窑洞的顶，这样的淀积层水平延伸得很长，而且一层层与黄土、红色的土相间隔。三层窑洞都同样是以料姜石做天花板，黄土做墙，红色的土做地，这样的结构引起了原本研究古生物的刘东生的极大兴趣。

回去以后，刘东生便立刻展开了对黄土的研究，在观测和试验中刘东生发现，黄土之所以变红，是因为土里面的含铁矿物，经雨水淋洗氧化后变红。同时土里富含盐分的碳酸钙又被雨水裹挟着向下冲，在红色土质的下方部位积淀成钙结核，俗称料姜土，而黄土层中的雨水淋溶作用偏弱。而且在不同土层中存在着适应不同气候条件的蜗牛品种，一种是干冷型，喜欢寒冷干燥的气候环境；另一种是湿暖型，在温暖湿润

图 3-11　陕西米脂县的窑洞

的自然条件下才能生存。它们的化石可以成为揭示当时气候环境特征的证据。于是刘东生和他的团队在黄土剖面上从新黄土到古土壤自上而下逐层采集蜗牛化石，最终他们发现在古土壤中保存有大量湿润型蜗牛化石，而在黄色土壤中则主要是干冷型蜗牛化石。这个现象就充分说明古土壤代表了地质历史时期较为温暖湿润的阶段，而黄土层对应的是地质历史时期相对干冷的阶段（图 3-12）。

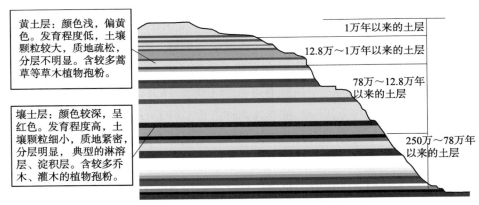

黄土层：颜色浅，偏黄色。发育程度低，土壤颗粒较大，质地疏松，分层不明显。含较多蒿草等草木植物孢粉。

壤土层：颜色较深，呈红色。发育程度高，土壤颗粒细小，质地紧密，分层明显，典型的淋溶层、淀积层。含较多乔木、灌木的植物孢粉。

1万年以来的土层

12.8万～1万年以来的土层

78万～12.8万年以来的土层

250万～78万年以来的土层

图 3-12　洛川地区某黄土剖面及土质分析信息示意图

（选自北京市西城区 2022 年高一地理期末题）

为了进一步确定黄土的绝对年龄，时年 64 岁的刘东生利用到国外从事研究的机会，在瑞士联邦地质研究所开展了黄土古地磁和磁化率研究。他和瑞士科学家海勒教授合作，将从中国带去的 100 多份黄土岩芯样品进行了长达一年的测量和分析。研究结果证实了中国黄土记录了整个第四纪时期的古地磁极性变化。表明中国黄土形成于第四纪。开始直到近代，测得的磁化率曲线清晰反映了黄土和古土壤相应的峰谷变化，每个黄土层和古土壤层的旋回交替都有其具体的年代，均代表一次独立的气候环境。刘东生将黄土的磁化率曲线与剑桥大学的沙克尔顿教授的氧同位素曲线进行对比时，发现这两条曲线几乎完全吻合，这说明黄土高原与极地冰芯和深海沉积并列成为了研究全球气候环境变迁的三大支柱，组成了一个可以互相参照的标尺系统。

⑤　其他自然代用指标

　　除了利用树木年轮、冰芯、有孔虫壳体、黄土层进行过去气候变化重建之外，科学家们还尝试利用石笋、珊瑚、湖泊沉积和泥炭、地貌证据、动植物界限等自然证据，发现并研究当时的自然环境对它们的影响痕迹，就能在一定程度上挖掘过去的气候变化信息。

　　石笋是喀斯特洞穴中流水化学沉积的一种，在喀斯特地貌发育的地方就可能有石笋的分布，因此石笋记录有可能成为在全球陆地范围内都有分布的环境变化证据。石笋是由入渗水中过饱和的碳酸钙淀积形成的（图 3-13）。水循环与土壤的二氧化碳共同作用是喀斯特地貌和石笋沉积形成的驱动力。水循环过程也将气候信号传递并保存到石笋中，尽管这些信号可能在通过洞穴上的入渗带时受到削减。来自大洋的水汽被大气输送到洞穴上空形成降水，其中的部分

图 3-13　溶洞中的石笋

降水再入渗到土壤和喀斯特洞穴上地层的过程中吸收土壤呼吸所释放的二氧化碳形成碳酸，碳酸溶解碳酸盐岩。适用于古环境信息研究用的石笋一般处于封闭的溶洞体系中，在洞穴内部，从钟乳石上滴落到地面的超饱和水沉积，形成石笋并释放二氧化碳。

　　石笋每年形成一个微层，受环境的季节性变化影响，每个年层由明暗条带组成，

平均沉积厚度一般在几十微米到几百微米之间，因此利用石笋可以获得分辨率为年的环境演变信息，石笋的时间跨度从现代到数十万年前，在喀斯特地区的溶洞中，一般可以找到各个时段的石笋。

石笋的氧同位素记录，可以接受过去年平均温度以及大气降水的变化过程。另外，碳同位素可用于反映土壤和植被类型的变化，石笋碳同位素组成受控于土壤和大气二氧化碳的碳同位素组成，而 ^{13}C、^{14}C 植物的比例影响土壤碳同位素组成。一般情况下，^{14}C 植物相对增加，表示气候干旱，反之湿润。

图 3-14　海底的珊瑚

珊瑚是生长在温暖海域的珊瑚虫的骨骼遗骸（图 3-14）。珊瑚需要长久的积累才能形成，能够回溯上百年的海洋温度。珊瑚提供了热带海区高分辨率气候变化的信息，块状珊瑚骨骼类似树木年轮，具有每年密度呈带状分布的格局，如同树木"年轮"一样，每条骨骼密度带代表珊瑚周年的生长量，在珊瑚的 X 射线照片上可以清晰地反映出来。

湖泊沉积在相对稳定的净水层面，会形成清晰的纹层，通过钻取湖芯沉积物可以提取各项理化指标来重建过去气候变化。泥炭是浅水湖泊或者湖岸地区沼生植物生长、残体积累形成的。泥炭层与湖相和陆相沉积往往交替出现在地层中，反映区域气候变化影响下水系的发育、退缩或者变迁。湖相和泥炭沉积物中往往含有大量植物孢粉，指示植被特征，从而可以重建过去的气候环境。孢粉是孢子和花粉的统称，它们分别是孢子植物和种子植物的繁殖器官。维束植物的孢子和花粉的体积小（粒径 $10 \sim 100\ \mu m$）、数量多，除少部分实现其繁殖功能外，绝大多数降落到地面后只是埋藏在沉积物中。

地貌证据往往是大型环境变化遗留在地表的，但是这样的证据是不连续的事件性记录，能够提供时间分辨率相对较低的重建信息，例如冰川遗留的冰斗、蛇丘、终碛垄等，反映了冰川进退的信息。内陆湖盆的古湖岸阶地和古湖岸地指示古湖面曾经停留的位置，其变化反映气候的干湿变化。海岸阶地则指示古海面和海岸线的位置。

不同的孢粉组合对应于不同的环境，如云杉、冷杉的孢粉组合代表了寒温带针叶林环境，而藜蒿孢粉组合则反映干旱气候环境。孢粉百分含量或密度（单位体积或重量内某种孢粉的数量）常被用来表示孢粉的组成，根据孢粉的组成及其随时间的变化，可以推断某种植物比例的增减、植被类型的变化、代表性植物种类的变化等，进而推断环境的变化。

动植物的分布界限，指示了区域气候达到了一定的温度和湿度，才能适合某些特定动植物的分布。

 考古证据和历史文献

历史文献中蕴藏着极为丰富的气候记录，史料中的气候记录和自然界的气候证据可互为补充、互相验证，集成应用于重建过去气候变化的过程中，从而促进对过去气候变化的重建研究。

从 20 世纪 20 年代末开始，中国近代气象学家竺可桢用数十年时间，查阅了大量的古籍、历史文献，将中国近 5000 年气温变化制成了一张清晰、简明的曲线图——竺可桢曲线（图 3-15）。竺可桢曲线包含了 4 个时期，这 4 个时期是竺可桢据手边材料的性质，将近五千年的时间进行的划分。第一个时期是考古时期，大约公元前 3000 年至公元前 1100 年，当时没有文字记载（刻在甲骨上的例外）；第二个是物候时期，公元前 1100 年到公元 1400 年，当时有对于物候的文字记载，但无详细的区域报告；第三个是方志时期，从公元 1400 年到 1900 年，在我国大半地区有当地写的而时加修改的方志；第四个是仪器观测时期，我国自 1900 年以来开始有仪器观测气象记载，但局限于东部沿海区域。其中前 3 个时期就是竺可桢利用了考古证据和历史文献资料进行了过去温度信息的重建，开创了历史时期气候变化研究方法，竺可桢也成为了我国历史气候学的创建人和奠基人。

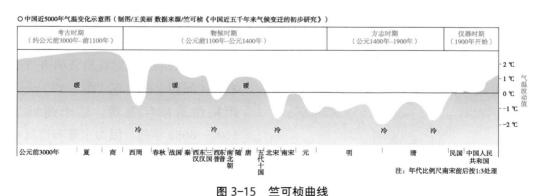

图 3-15 竺可桢曲线

（《中国近五千年来气候变迁的初步研究》）

我们接下来按照竺可桢划分的考古时期、物候时期和方志时期进行介绍，每个时期在研究过去气候变化时依据不同研究资料和侧重手段。考古时期主要用到的气候证据有甲骨文和来自考古遗址的信息。甲骨文中对天气现象的记载已十分完整、细致，包括降水、天空状况、风、云雾、雷鸣电闪等许多方面，有雨、雪、雹、霜等分类，对雨水还有具体分析。甲骨文中有很多内容涉及天气（图 3-16），皆是为求风调雨顺，以利于农作物的生长，使人们有好的收成、生活平安幸福。

气	象	风	云	雨	雪	雷	雾	霾
虹	水	火	日	月	春	夏（金文）	秋	冬

图 3-16　甲骨文里的气象常用字

遗址是人工制品、遗迹、建筑、生物及环境遗物共存的场所。遗址地层中含有人类活动遗迹和遗物的地层称为文化层。遗物主要是指由人及其制造或改造的可移动的人工制品，如石器、陶器和金属器等；遗迹是不可移动的人工制品，如灶、灰坑等；建筑是多个遗迹的联合体所构成的复杂的遗迹和结构；生物和环境遗存包括动植物遗存、土壤和沉积物等。根据文化层中的遗物和遗迹可以推断文化类型、生产和生活活动的特点及其与其他地区文化的关系。由一个遗址中不同层位的文化层或区域中不同时期的文化层的特点可以获得区域文化序列。遗址、文化层、考古学文化的生产和生活特点等信息记录了十分丰富的过去人类物质文化活动和自然环境状况的信息，通过系统地搜集整理这些信息，可以从中提取十分有价值的过去环境演变和气候变化的证据。

图 3-17　竹鼠复原标本（半坡博物馆）

1954 年秋到 1957 年夏之间，中国科学院考古研究所在西安附近的半坡村遗址上进行了发掘，由挖掘的动物骨骼遗迹表明，当时在猎获的野兽中有麋（同獐）和竹鼠（图 3-17）……用同位素测年发现，这个遗址为 5600—6080 年前，因为水麋和竹鼠是亚热带动物，而现在西安地区已经不存在这类动物，可推断当时的气候必然比现在温暖潮湿。

物候时期的气候证据主要来自物候记录。所谓物候，是指生物因长期适应温度的周期性变化，而形成与之相适应的生长发育节律的现象，但有时候物候也指一些周期性发生的非生物现象，比如河流封冻、初霜、终霜、初雷等（图3-18）。

植物物候（花开）

动物物候（迁徙）

非生物物候（封冻）

图 3-18　几种物候现象

植物物候记录是间接气候记录中内容广泛和记录较多的一类。竺可桢说过："一个地方的气候变化，一定会影响植物和动物种类，只是植物结构比较脆弱，所以较难保存；但另一方面，植物不像动物能移动，因而作气候变化的标志或比动物化石更为有效。"植物的萌芽、抽枝、展叶、开花、结实和落叶的早晚，与气温、降水和光照等气候因子关系密切。因此，根据历史文献中植物生长的时间记录，就可以重建过去的气候变化。常用的资料主要以农业物候期（如春耕日期、葡萄和谷物收获期）和观赏植物花期（如樱花开花期）为主。这些资料被广泛用以重建欧洲、美洲、东亚等地区的历史气候变化。

与植物一样，动物的蛰眠、复苏、始鸣、交配、繁育、换毛和迁徙等，与气候环境也有着密切的关系。比如在暖的年份，候鸟就会提前飞往北方；而冷的年份，候鸟就会推迟它们去北方的时间。因此历史文献中的动物物候记录，同样可以被用来指示历史时期的气候状况。元朝蒙古族诗人迺贤（1309—1364年）有首关于家燕的诗，叫《京城燕》。该诗的序文说："京城燕子，三月尽方至，甫立秋即去。"通过与现在家燕迁徙记录的比较，可知当时家燕在北京的停留时间较短，来去各短一周，这表明14世纪时的气候比现在要冷。

除了动植物的物候记录可以重建历史气候变化之外，自然界中的一些具有周期性的非生物现象记录也可以用来重建过去的气候变化。这些非生物现象大体包括：初雪、终雪，初霜、终霜，河湖的封冻、融化，初雷等。比如河湖封冻，日本长野县有诹访湖，有学者根据诹访湖1443—1953年封冻时间的长短，来估算日本东京冬季气温的变化。再比如初雷，初雷即每年的第一次雷暴，可以指示春季气温的回升。清代钦天监（气象观测机构）对北京地区的初雷进行了全面系统的观测与记录，并用题本形式上报给当时的帝王。根据这些题本中的天气和时间信息，可以重建清代北京地区的春季气温变化。

　　方志时期可以参考的文献资料除了方志以外，还有大量的日记、史书、游记、诗文等。这些文献资料中，有的是直接气候记录，即直接记载了气温、降水等记录，比如晚清重臣、光绪帝老师翁同龢的日记中就有大量的气温、降水、沙尘等天气记录。清代的《晴雨录》也是一种关于降水的直接气候记录。它是由专人日夜观测，并逐日记载阴晴雨雪的起止时间和程度。目前中国第一历史档案馆保存着清代北京、苏州、杭州和南京四地的晴雨录。其中，北京地区的晴雨录最为连续，时间起于雍正二年（1724 年），止于光绪二十九年（1903 年）。晴雨录档案已经被用来重建清代的气候变化。比如，我国历史气候学家张德二先生曾根据北京晴雨录，重建了清代北京地区的降水序列，并复原了清代北京地区的夏季气温。

　　《翁同龢日记》是我国晚清 4 部著名日记之一。日记不仅详细记录了他的日常工作和生活，而且还记载了作者对环境冷暖的感知，日记中几乎不存在伪记录。另外作为一位文人，作者有相当高的驾驭文字的能力，不但不会错记自己的冷暖感知，而且可以自由地选择恰当的词语表达感知到的冷暖。所以，日记中这些冷暖感知记录应该是真实的、可靠的。

　　"壬申年七月廿一日（1872 年 8 月 14 日）忽雨忽晴，如人炊笼中，郁蒸特甚"；
　　"甲戌年十一月十九日（1874 年 12 月 27 日）晴朗，风定而寒特甚"；
　　"丙子年三月初五日（1876 年 3 月 30 日）晴，风转西南，甚暖，是好天气矣"；
　　"庚辰年六月廿八日（1880 年 8 月 3 日）晴，毒热"；
　　"癸巳年七月十九日（1893 年 8 月 30 日）晴朗，秋风起颇凉，可棉衣"等。

　　　　　　　　　　　　　　　　　　　　　　——摘自《翁同龢日记》

　　我国古代直接或者间接记录气候信息的文献资料非常丰富，由于缺乏系统性记录，在还原过去气候变化的过程中，需要与其他资料进行结合，减少结果的主观性。在科技日益进步的当下，科学家们还在不断探索与研究更多气候证据，旨在提高过去气候变化的精确度和时间跨度。

参考文献

李忠明，李蓓蓓，魏柱灯，等，2020. 气候变化与人类社会 [M]. 北京：气象出版社.

祁承经，彭继庆，彭春良，等，2018. 树轮考古学研究进展 [J]. 中南林业科技大学学报，38（6）：12.

秦大河，A ZIELINSKI G, S GERMARI M，等，1994. 南极洲 Nelson 冰帽排钻冰芯内的火山灰与冰

川物质平衡 [J]. 中国科学 (B 辑)，24(7)：779-779.

任镇杰，金海燕，罗琼一，等，2023. 低纬季风区现代浮游有孔虫主要属种的分布特征及其环境指示意义 [J]. 微体古生物学报，40（1）：95-106.

余果，2004. 500 万元巨奖的背后——记"中国黄土序列的古环境研究之父"刘东生 [J]. 教育与职业（10）：12-14.

张兰生，方修琦，任国玉，2017. 全球变化（第二版）[M]，北京：高等教育出版社 .

竺可桢，1973. 中国近五千年来气候变迁的初步研究 [J]. 气象科技资料（S1）：2-23.

ZHU HAIFENG, SHAO XUEMEI, ZHANG HUI, et al, 2019. Trees record changes of the temperate glaciers on the Tibetan Plateau: Potential and uncertainty[J]. Global and Planetary Change(173): 15–23.

第四章

气候变化影响

1 "下岗邮差"与"王朝覆灭"

崇祯二年，也就是公元 1629 年，19 岁的朱由检一心想挽狂澜于既倒，拯救风雨飘摇的大明王朝。四月，他迫不及待地颁布了大刀阔斧的驿站制度改革，以"俱裁十分之六"的气魄开启了空前的驿站大裁员。裁员的刀斧落在一个银川的驿卒身上，他原本凭着家中养马的手艺在驿站谋生，而此刻生活的大厦骤然倾覆，加上家中诸多变故，几经周折，无产无业无家的他投入了本就风起云涌的流民队伍之中。这个"下岗邮差"叫李自成，15 年后，他已经有了新的头衔——"大顺军首领"（图 4-1）。公元 1644 年 3 月 17 日，他骑着高头大马兵临城下，两天后，曾经裁撤他驿卒职位的皇帝自缢于煤山，草草留下"诸臣误我"，明王朝覆灭。

明朝灭亡的原因当然不仅是闯王揭竿而起如此简单。中国历史上的许多王朝灭亡都存在内忧外困的交叠，明朝灭亡的直接推手也可以从这两个角度拆解。在内，遍及北方的农民起义纷争四起；对外，以对东北满洲人的战役为代表的失败频传。究其根源，由于长期腐败等积贫积弊引发的执政能力衰败，使得明朝末年社会终至土崩瓦解。晚明的社会崩溃可以从政治腐败、边境危机、财政枯竭及社会动荡 4 个侧面窥见一斑。

图 4-1 李自成画像

晚明从朝堂内统治者的"怠政"、无休无度的党争、宦官的专权独断，到朝堂外皇亲国戚敛财并地、各层官吏渎职贪污、官吏数量质量堪忧。以李自成所在驿递体系为例，存在众多管理积弊。到明朝末期，驿站大范围倒闭，尤其是北方地区，驿卒逃亡大半，驿马不见踪影。不少驿卒像李自成一样，辗转加入流民参与起义。驿递过程中舞弊冒领泛滥，贪污克扣不绝，吏匪沆瀣一气。驿递属于徭役中杂役的一种，驿递费用通常是以赋役形式征收的。驿递压力在于：出力，工作艰苦异常；出钱，站银居高难下，有相当数量的百姓认为驿递是当时最重的徭役。而中央对驿递制度的改革不切实际，妄图"百年积弊扫于一旦"，加剧了管理的崩溃。

明末的北方边境抵御外敌战事不断，在应对北方的蒙古人和东北的女真（满洲）人的战争中，明朝军费消耗甚大，军队的战斗力逐步减弱，失败战事日益增加。嘉靖以前，蒙古各部统一之后就对明北方边境频繁滋扰。嘉靖年间，蒙明交战进入高潮，10年内（1540年）爆发大规模战争16次。蒙古铁骑几欲攻至京畿，大肆掳掠。其后20余年战事不断，至1570年，明朝与俺答和谈，开口岸通商，史称"俺答封贡"。此后，在对抗蒙古的"万历三大征"中，明军消耗过大元气重伤。而此时东北崛起的女真（满洲）部落统一之后，努尔哈赤以"七大恨"正式对明起兵。明军在此后的萨尔浒之战等众多对抗女真（满洲）战争中几乎少有胜利。连年对外战役就像无底洞一般大量消耗着明朝的人力、物力、财力。

晚明的国库入不敷出，财政日渐枯竭。财政收入的重要来源税收部分，经过税制改革和各项增税手段得到了持续增加。但由于连年边境战争和境内农民起义，军费支出加速了国库空虚。军费支出增多不仅因为战乱增多，同时也因为原本用于军队粮食供给的军屯系统加速崩坏，军粮难以自给自足，军粮购置成本陡增。

民变、起义都是社会动荡的重要指标。从16世纪中后期开始，民变事件迅速增多，至1628年发展为大规模农民起义。16世纪20年代之后的百年间，共发生大规模农民起义将近200余次。明朝末期的农民起义首先从陕西爆发，后扩展至华北广大区域，直至席卷中国半壁。起义军从一开始的松散组织逐渐发展壮大为拥兵百万的作战部队。大规模农民起义的产生和壮大也标志着明朝政府统治的衰败和崩溃。

由粮食产量和价格、明朝中央政府财政状况、明朝民变、起义和战争等历史资料和证据分析而得出的上述结论从4个侧面展现了明朝灭亡的原因。若此时提出"气候变化是明朝灭亡的原因之一"也许会显得突兀和费解。但如果分析上述4个维度背后的气候变化，厘清气候变化在其中扮演的角色，便能够在一定程度上理解气候变化对文明兴衰的影响。人类系统的构成及气候变化影响的层次性图见图4-2。

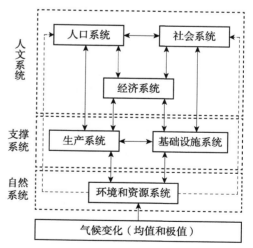

图4-2 人类系统的构成及气候变化影响的
层次性图

2 气候"冷""干"与明朝危机

　　根据科学家们对过去两千年以来的温度变化研究可以得知，17世纪是过去一千年乃至两千年以来最为寒冷的一个世纪，16—17世纪是小冰期中最寒冷的一个时间段，与明朝晚期时间重叠。明朝晚期是中国过去一千年以来最为寒冷的时段之一，从16世纪中期开始温度迅速降低。此后的百年间，全国平均气温降低，每百年降温约0.4 ℃。如果与现在（1951—2000年）的全国平均气温相比，当时全国平均气温比现在低约0.5 ℃。华北地区的变冷较之于南方更为明显，比现在（1951—2000年）温度低约0.7 ℃。相对寒冷的气候背景之下，低温冷冻害等自然灾害发生的频次更高。根据对历史自然灾害记录的研究（《三千年气象记录总集》），1571—1644年，几乎每两年就会遇到一次冷害、霜灾和冻害，17世纪20年代内几乎连年受灾。

　　同时，在明朝晚期出现了3次气候快速变"干"的转变，分别出现在16世纪80年代、17世纪的前10年和17世纪30年代，这种变化在华北地区和江淮地区更为明显。频繁的气候波动和更大的年际变化幅度背景下，中国东部地区的极端干旱、洪涝灾害的发生频率同步上升，尤其是极端旱灾的发生频次，多年连旱的大旱灾发生频次也同样上升。华北和江淮地区在1851—1644年间相比于整个明代而言，旱灾发生频次分别上升了76%和62%，尤其是1627—1644年的特大旱灾，也就是"崇祯大旱"，很可能是中国过去1500年间东部地区发生的最为严重的一次旱灾。

　　"冷""干"的气候变化，如何影响到明朝的社会兴衰存亡呢？通过分析气候变化在军费开支、粮食供给、民变起义等事件中扮演的推动作用可以一探究竟。

　　明代军屯制度是明政府组织戍边军队开垦荒地种植粮食，期望能够实现军队口粮自给自足，节省军队供给开支，从而减轻重负财政以及内地百姓的税赋徭役。明早期，太祖皇帝亲自制定的屯田制度规定"卫所驻军，三分守城，七分屯种，内地二分守城，八分屯种"。洪武十五年（1382年）确定的军屯粮食分配制度"军田一分，正粮十二石，贮屯仓，供本军自支，余粮为本卫所官军俸粮"。明朝北部边境沿着从东北到西北建立了一系列军屯农场，一度取得非常不错的效果。到15世纪，军屯发展停滞甚至萎缩，16世纪以后又重新得到部分发展。至明朝晚期，气候快速变冷变干，16世纪后期开始，在明朝疆界北部边境的军屯受到频繁的干旱、土地沙化等问题的影响，农业生产难以为继，长城以北的军屯几乎全部废弃，长城以内的军屯田的粮食产量减产严重。

自嘉靖至万历末期的时间内，明朝北部边境军屯粮食产量下降6～7成。这一部分损失的军粮需要从民间获得，这就造成了北部边境地区的粮食价格暴涨，其涨幅和价格都远远高于内地。北部边境粮食危机加上对外战争的双重压力，使得明朝政府只能选择从财政拨付更多财政用以购置军粮并向北部边境运送，原本紧张的财政雪上加霜，整个北部地区百姓的赋税徭役压力越来越重。因此，虽然明朝北部边境对外战争处于相对缓解的阶段（1570—1589年），但由于军屯体系衰落，军费支出依旧增加，财政调节难有活动喘息之机。明朝"三大征"之后的气候持续恶化，北部边境军屯系统基本丧失功能，至明朝末期外患内忧同时爆发之时，政府财政基本完全丧失调节能力。导致明朝灭亡的财政危机，有相当程度源自气候变化对军屯的消极影响。

按照现代的粮食安全概念，人均粮食产量在300千克才能满足温饱的标准，考虑到古代社会的生活方式，人均粮食需求可能稍低于现代。如果民众的口粮长期严重低于温饱标准，也就是发生饥荒，就很有可能成为爆发民变、起义的导火索。根据研究，明时期北直隶的真定，在相同的劳动、物质投入情况下，以嘉靖年间每亩耕地粮食产量为参照，到万历年间粮食减产5成以上，明末清初又在剩余粮食产量的基础上再减产5成，总减产约7～8成。这些减产中有相当的原因来自气候恶化，尤其是极端的灾害。不仅真定这一个地方，大部分地区都存在气候恶化背景下导致粮食长期减产的记录。在16世纪中后期至17世纪初期，全国的粮食产量减少幅度在2～5成。尤其是明朝晚期的陕西和山西两省，粮食产量大大低于北方各省平均值。巨大的粮食减产的同时人口数量却在增加，致使华北5省的人均粮食产量锐减，由1580年的393.3千克/人减少至1630年的166.6～266.5千克/人，其中由于人口增长造成的减产占12.4%，由于气候变化导致粮食减产的占19.7%～45.1%。1630年北方各省的粮食安全均已突破温饱阈值；粮食减产，粮价就飞涨，1570—1580年的粮价上涨近3成，增加了社会的脆弱性。

气候转干的大背景下，大范围连年旱灾、快速降温和极端旱灾增多，引发一系列的饥荒，民变大幅增多。以17世纪初的21起民变为例，有15起是由旱灾触发。旱灾还影响着农民起义军的发展历程、影响范围和行军路线，成为起义军与明朝政府对抗力量消长背后的推手。1627—1629年，山西、陕西旱灾致使严重饥荒，灾民无以为食。不甘饿死的流民、缺少粮饷而叛变的士兵、溃散的边防守卫等群体逐步加入起义，逐步合流构成了早期起义军的骨干（图4-3）。最初起义的地点基本上都发生在干旱发生的区域内。1629年，崇祯皇帝朱由检为节省政府开支，大量裁撤驿站并遣散驿卒，众多走投无路的驿卒加入了起义军的队伍，这其中的一员便是李自成。次年，起义军进入旱灾重灾区山西，吸纳当地饥民数万计，占起义军人数半数以上。其后时间起义军在陕北、关中、晋南等旱区之间活动。1633 年末，明政府军将起义军压缩包围在太行山与黄河之间的狭小地域内，起义军面临严重危机。但由于当年冬天极端寒冷的天气，黄河提前封冻，起义军于年底踏冰穿黄河而过，逃出包围得以喘息。时至1636 年，旱灾范围扩大到整个中国中部地区。起义军掌握了时间规律，在夏秋季节前往旱灾严重的地区吸收饥民扩充军队，在冬春季节前往大河附近富庶的平原地区补给休养。凭借着这样的移动路线，起义军在对抗明政府军队时多次取得胜利。1636—1638 年，掌握这一规律的明军有意识地布置反击，获得过短暂胜利，但由于旱灾在北方的大面积延伸，赈济救助不到位，饥民群体数量庞大，为起义军重振旗鼓提供了有生力量。至 1643 年，李自成连续 5 次战胜明军，奠定了攻破北京推翻王朝的基础。

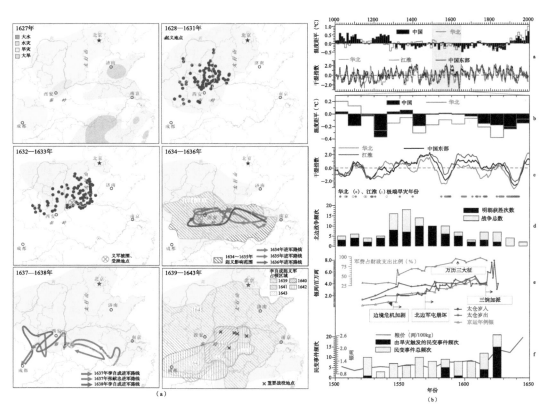

图 4-3　1627—1643 年旱灾影响区域与农民起义军活动对比示意图（a）及 1500—1650 年气候变化、极端旱灾及对社会影响图（b）

　　明王朝的衰败由政治腐败导致政府职能失灵，通胀和财政逐步恶化难以调节，只能无节制地增加赋税，导致民变起义，加上边境危机、内外交困导致最终走向灭亡。但是社会运行的过程中，粮食安全这一关键因素与气候变化息息相关，影响了社会的脆弱性。年平均气温上升或者下降 1 ℃，仅考虑积温变化导致的作物生长期和熟制变化就会引起粮食作物产量 10% 的波动。气候变化导致的灾害频发，更进一步影响农业生产。晚明时期的寒冷程度、低温冷冻害频次、极端旱涝频次和强度都比现代要高，在防御能力远不如现代的明朝，气候变化对农业的影响远比对现代影响要大得多。明朝的政治和经济崩溃背后不单单是因为统治腐败，还有气候背景的推动作用。气候恶化导致农业生产衰落——军屯系统失灵、粮食产量下降，导致政府财政调节失效，进而无节制增加赋税激发民变起义；气候恶化使得粮食减产，人均粮食不能满足达到温饱的标准，粮食危机使得粮价大涨，饥荒爆发，生计难以维系，最终产生民变起义；气候变化也可能导致北方地区生活资源紧张，促使游牧民族入侵产生边境战乱。由此可见，气候变化在明朝衰败中起到了相当的推手作用，气候变化对文明兴衰确有不同程度的影响。

3 气候变化与区域文明

　　气候变化影响区域文明发展进程是全世界科学家高度关注的研究问题之一。气候要素是自然地理环境要素中最活跃的要素之一，在历史时期——人类的生产力水平有限的工业化以前的漫长时间里，气候要素对人类社会发展的影响都是广泛存在且较为深刻的。像明朝灭亡案例中所分析的一样，气候变化影响人类文明进程的案例还有很多。

　　气候变化从自然到人类社会的变化传递，可以借助系统的视角解构分析。人类与自然联系最直接的部分是从自然中获取资源、排放废弃物以及受到各种限制（包括自然灾害）。在此基础之上是人类的基础设施和生产活动，作为整个社会运行的支撑，为人类提供消费品、防护设施等。有了基本的生活生产保障，人口、经济、社会等活动随之运转。气候变化造成的自然资源和自然灾害的改变直接或者间接地影响到生产生活的各个环节。在一定的时空范围和技术条件下，人类的生活方式和社会经济一般始于自然状况相适应的平衡状态，并且存在一定范围的可调节能力以应对自然状态的变化。气候变化的影响从自然逐步传递到人类社会，每个系统调节不良或者调节失效后会传递到更多的系统中，通常气候变化幅度越大影响的层次也更深远，但传递过程会受到人类活动的调节，从而使得气候变化的影响放大或者缩小，直至人类与自然的关系调整到新的平衡状态。因此气候变化影响人类社会不是简单的因果关系，而是存在复杂反馈的"驱动—响应"关系，既不能否认气候变化的影响，也不能片面地强调气候变化的影响而对时间作单一归因。

从众多研究结果中不难了解到人类历史上许多的人口波动与迁徙、经济波动、社会稳定或动乱、朝代更替或文明兴衰事件，都存在与气候变化的复杂而密切的联系。比如土地利用方式的变化、人类聚落的迁徙、人口数量的波动、疾病的传播等。比较知名的例子是美洲玛雅文明的崩溃过程中极端气候异常事件起到重要作用，以及长时间气候异常期对欧洲发展的影响。同时，相关研究还揭示了气候变化以怎样的方式影响社会发展，并且明确了气候变化影响区域文明的结果是自然变化和人类适应相互作用而形成的。区域生态系统和人类社会对气候变化有一定的包容度，当气候变化处于容忍范围内时，生态系统和人类社会可以通过各种调节方式适应或者抗御气候变化带来的影响。但是不同的区域生态系统或人类社会对于气候变化的包容度并不相同，这与区域生态系统和人类社会本身的脆弱程度有关。当气候变化超过了容忍范围，则可能造成人类社会的各项活动受到打击甚至导致整个社会崩溃。

气候变化存在多种表现形式，以温度变化为例，从时间上看可能是体现为均温的变化或者极端高低温的程度变化，可能表现为长时间气温的趋势变化或者某个时间节点的气温突变，可能表现为气温的周期性变化（包含周期持续时间、周期交替频率、周期峰值相位、峰值大小等变化），还可能表现为温度改变的速率变化等。在时间变化的基础上，再叠加空间差异，即不同区域的温度变化不同，比如温度极值区域的移动、温度变化空间范围的收缩与扩张等，使得温度变化的实际表现形式更为多样和复杂。当复杂表现形式的气候变化传递到不同的区域人类社会，造成的结果就呈现出多种形式。科学家通过大量的案例研究，将气候变化影响人类文明的表现形式划分为5种：周期性循环、脉冲式变化、适应性转型、崩溃与衰落、迁徙与替代。

周期性循环是指人类社会随着气候的周期性或阶段性变化而呈现周期性起伏（比如兴盛与衰落状态）交替的变化特点。当周期性循环发生时，意味着气候变化影响的幅度尚在人类社会的容忍范围内，人类社会可以通过各种调节手段来适应或者抗御气候变化。一个典型的例子就是中国过去两千年以来社会兴衰与气候变化呈现的"冷抑暖扬"的周期性循环特征。科学家结合各种历史气候研究指标结果，综合分析中国过去两年以来的气候变化，发现气温存在冷暖交替的周期变化，有4个暖期和3个冷期，每个周期存续约几百余年不等。与此同时的社会经济发展（秦汉以来）呈现出周期性的波动，这种特征有时也被称为"朝代循环"。出现"朝代循环"，一方面是因为阶级斗争、者封建社会结构本身的弱点、社会管理能力低下、人口压力等人文因素；另一方面，气候背景的周期变化也与"朝代循环"有关。越来越多的研究结果揭示了秦汉以来的历史社会经济发展存在比较明显的"冷抑暖扬"的韵律。大多数历史上经济发达、社会安定、国力强盛、人口增加、疆域扩展的时期往往存在暖湿的气候背景，而社会经济恶化的情况往往出现在冷期的气候背景下，比如明朝末期气候逐渐变冷在对明朝农业尤其是边境军屯的影响等推动了明朝统治的灭亡。

脉冲式变化是指人类社会受气候变化事件的影响，在一段时间内突然偏离原有状态，后又很快恢复到原有状态的情况。当脉冲式变化发生时，反映出可能发生了时间相对较短、变化幅度较大、变化速度较快、持续时间较短的气候变化事件。需要注意的是，气候变化事件对人类社会的影响可能是积极的，同样也可能是消极的。中国历史上许多大规模农民起义背后是持续的旱灾事件，就像明朝灭亡案例中所讲到的明末大旱与李自成起义的关系；另一个典型案例是成吉思汗统治下的蒙古扩张。公元 12 世纪，蒙古一带的气候干旱，游牧民族逐水草而居的生活方式受到气候变化的影响。在这种气候背景下，当时的蒙古统治充斥着动荡与混乱，原有的贵族统治各个部落的联盟岌岌可危，为成吉思汗建立统一政权形成有利条件。随着时间的推移，至 13 世纪初，气候逐渐转向短暂的温暖湿润。适宜的气候条件使得蒙古草原的生产力提升，能够供养的人口和牲畜增多，使得成吉思汗领导的蒙古国拥有了更多的战马和人力，完成了迁都、集权、扩军、扩张等一系列行动，建立起帝国霸业。然而到 14 世纪末期，气候再次回到干旱状态，草原再次受气候变化影响，在此背景下成吉思汗所创造的庞大帝国失去大量疆土，直至灭亡。

适应性转型是指创建新的生产或生活方式，全部或部分地替代原有生产或生活方式，从而达到与变化后的气候相适应的社会状态，进而实现文明的延续和发展。适应性转型成功的社会往往对气候变化有较高的容忍度，能够及时有效地调节社会中的各个发展环节实现转型，也就是具有应对气候变化的弹性。有时新的发展模式不仅可以度过当下的气候危机，还可能成为创造后续更大空间的契机，例如人类进化里程中的走出非洲恰能反映适应性转型。距今 300 万年以前，非洲开始出现气候干旱化过程，在距今 180—160 万年达到干旱化的顶峰。日渐干旱的环境使得非洲大陆上的森林面积锐减，草原面积扩展。原来以森林为栖息地，以森林资源为食物的人类祖先，受到了日益严重的生存威胁。在此变化下，一部分人类祖先的族群选择放弃在森林的长期生活，来到更广阔的草原等地面生活。为了获取足够的食物以及躲避捕食者，人类祖先用智慧、合作、制造和使用工具等弥补生理不足。这一从林到陆的变化，使得人类祖先的身体前肢解放，脑容量增加。在距今 260 万年以后出现了具有更大脑容量的人类祖先，约距今 190 万年进化出了直立人，至距今 160 万年出现了精致的石器，人类祖先第一次从非洲大陆走出，前往欧亚大陆。

崩溃和衰落是指当气候变化影响的幅度超出人类社会的容忍范围，社会调节等手段不足以成功地度过气候变化造成的危机，人类社会难以承受气候变化的打击，或者无法适应变化后的气候状态，难以维持原有发展模式又无法更替出新的发展模式，区域文明因而发生中断或退化到较低水平上的状态。气候变化影响下的文明崩溃与衰落意味着气候变化的影响过大或者社会本身对气候变化影响的容忍度太低。国内外对崩溃或衰落历史文明的大量研究发现，气候变化是导致史前和历史时期区域文明崩溃的基本力量之一，例如繁盛一时的玛雅文明和吴哥文明的衰落。玛雅文明存续期间先后经历过两次气候干旱事件，第一次发生在古典期，大约在公元200—500年。面对这一次气候干旱事件，玛雅人通过建造水利工程，发展节水的玉米农业，政治重组等多种渠道的改革和适应措施，成功地度过了气候变干旱造成的危机。并且，在此适应的过程中发展出的先进农业生产策略在相当程度上促进了玛雅文明之后的发展。第一次干旱事件后，迎来了一个多世纪的湿润期，玛雅文明在这样的背景下来到了蓬勃发展和繁荣的时期。但在晚古典期的玛雅文明迎来了更为极端更为剧烈的干旱期，时间大约在公元600—1000年。早期古典时期所采取的各项措施未能在此次干旱期起到作用，再加上前一个湿润期人口的增长，庞大而复杂的社会系统未能度过此次干旱期，最终文明衰败。与玛雅文明有相似经历的是东南亚的吴哥文明。东南亚位于季风区，季风变化存在一定程度上的不稳定性。在12—13世纪的弱季风期内，存在不定期且漫长的干旱期，为了应对这样的气候，高棉人吴哥修建了人工湖及完备的供水网络系统，这些供水设施长期满负荷运转以应对水资源的短缺。但在14世纪，季风增强、降水激增，由此产生的洪水对吴哥的基础设施及供水系统造成了结构性破坏。当15世纪季风再次减弱、漫长干旱再次来临时，供水系统瘫痪的吴哥失去了稳定水源。而高棉国也再无力修复其基础设施，高棉人最终被迫放弃了吴哥。

　　迁徙是指人群离开原居住区域移动到另外区域，迁徙的原因既可以是由于原居住地或者目的地气候变化后的居住适应性发生重大变化，比如气候变化导致原居住地的生存危机产生推力或目的地更宜居环境产生拉力；也可能是气候变化导致原居住地与目的地之间的通道改变。当迁徙的人群到达目的地后，原有的文明也被带入到目的地，会对目的地原住文明产生影响，甚至出现对原住文明的替代，从客观上造成了气候变化的跨区异地影响，历史上欧洲的人口迁徙等都是具有代表性的案例。纵观欧洲过去两千多年的历史，气候变化背景下的文明迁徙与替代时有发生。在公元250—550年冷期气候背景下，欧洲经历了政治混乱、文化变更、社会经济不稳定的大危机，即大迁徙时代。在公元3世纪气候显著冷干的背景下，西罗马帝国经历政治混乱、经济紊乱、外族入侵等严重危机，战败的当地民族被迫西迁，西罗马帝国灭亡，整个欧洲被西征的匈奴人占领。公元536—660年处于气候历史中的小冰期，欧洲出现了鼠疫爆发、东罗马社会变革、人口迁徙和政治动乱。公元13世纪的小冰期背景下，大饥荒、黑死病以及30年战争等重大危机重创欧洲。此后的欧洲为生计所迫的海外移民深刻地影响了美洲新大陆等地的土著文明的发展。

前尘往事与后事之师

　　气候变化通过对资源、环境的改变逐步将其影响传递到人类社会的各个层面，其对人类社会影响的程度和方式既与气候变化的特点有关，也与人类社会本身的抗御和适应能力有关。当气候变化的影响尚在人类社会可适应或者抗御范围内时，可能表现为周期性循环或脉冲式变化；当气候突变或趋势性气候变化的幅度超出可适应或者抗御范围时，则需要对已有社会进行重大调整，调整成功可达到适应性转型，调整失败可能走向为崩溃与衰落；而迁徙与替代在适应或抗御内外均可能发生。上述 5 种气候变化影响人类社会的表现形式曾发生在人类发展的不同历史时期、不同区域，并对区域乃至人类文明的发展产生过深远的影响。

　　在今天，人类活动通过温室气体排放导致了 2011—2020 年全球地表温度比 1850—1900 年增加了 1.1 ℃以上。自 1970 年以来，全球地表 50 年内滑动平均温度的上升速度超过历史时期（过去 2000 年）中任何时间。大气、海洋、冰冻圈和生物圈发生了广泛而迅速的变化。气候变化已经影响到全球每个地区的许多极端天气和气候，这导致了广泛的不利影响以及对自然和人类的相关损失和损害。与此同时，大约有 33 亿～36 亿人生活在极易受气候变化影响的环境中，人们不得不面对越来越多的粮食和用水风险、疫病、心理疾病等风险。在农业、林业、渔业、能源和旅游业等受气候影响的部门，已经发现气候变化造成的经济损失。虽然人类的抗御和适应手段增多能力增强，但气候变化对现有不同区域文明的影响依然存在风险，比如沿海低地或岛国面对上涨的海平面等。

　　在人类发展的历史进程中，各种时空尺度上的重大与突发环境变化事件在历史上从来就没有间断过，然而人类并没有因为这些事件的发生与影响而停止前进的脚步。尽管由于社会的发展，过去环境变化对社会经济影响的许多具体结果已不可能再次重现，但过去人类曾经历过的影响方式与适应影响的具体行为对当今人类应对全球气候变化的挑战仍具有重要的借鉴价值。

参考文献

方修琦，苏筠，郑景云，等，2019. 历史气候变化对中国社会经济的影响 [M]. 北京：科学出版社 .

魏海荣，2012. 明代中后期驿递改革研究 [D]. 兰州：西北师范大学 .

张兰生，方修琦，任国玉，2017. 全球变化（第二版）[M]. 北京：高等教育出版社 .

第五章

人类应对气候变化

　　提升适应气候变化能力是我国国民经济和社会发展规划的重要内容，有效的适应气候变化措施有助于巩固减排成果，缓解气候变化风险对发展成就的限制，进而为碳达峰碳中和目标实现提供有力支撑。

—— 中国 21 世纪议程管理中心研究员　何霄嘉

1 应对的两大途径：减缓与适应

从古埃及的十大灾难到大唐由盛转衰，从楼兰古国的消失到玛雅文明的衰落，气候变化与人类社会发展的兴衰密切相关。从全球范围来看，气候变化问题已成为当今人类社会面临的严峻挑战。

高温、暴雨等极端气候事件频发，气候变化带来的损失和风险还在不断加剧。适应气候变化是降低气候风险的有效措施，已经成为各国尤其是发展中国家现实而紧迫的任务。在 IPCC 第六次评估报告中科学家们仍然可以识别出最近变暖和过去变暖之间的至少 4 个主要区别：第一，它几乎到处都在变暖。最近的地表变暖模式比过去2000 年的其他 10 年到 100 年气候波动更为统一。第二，它正在迅速变暖。比如在最后一个冰期向间冰期的转变中，总温上升约 5 ℃，这一变化花了大约 5000 年的时间，但是自 1850—1900 年以来，地球表面已经变暖了大约 1.1 ℃，在过去的 50 年里，全球变暖的速度已经超过了其他任何 50 年的速度。第三，最近的气候变暖逆转了全球长期的变冷趋势。在最后一个主要的冰期之后，全球表面温度在大约 6500 年前达到顶峰，然后慢慢冷却。长期的降温趋势被几十年乃至几个世纪的温暖所打断。第四，它已经很久没有这么温暖了。就全球平均水平而言，过去 10 年的地表温度可能比大约 6500 年前开始长期降温趋势时要高。

《气候赌场》

本书的作者威廉·诺德豪斯以通俗易懂的语言总结了他基于融合自然科学和经济学的 DICE/RICE 模型多年来研究的成果，从起源、影响、战略和成本、政策和制度以及气候政治学等方面论述了全球气候变化问题。他指出，气候变化不仅是自然科学问题，更是经济问题，全球性气候协议的发展历程，更显示了减排目标的达成是以经济竞争为核心的国际政治博弈。威廉·诺德豪斯是世界著名经济学家、美国耶鲁大学斯特林教授、美国科学院院士、气候变化经济学开创者，曾任美国经济学会会

长。2018 年因"将气候变化集成到长期宏观经济分析"获得诺贝尔经济学奖。他自
20 世纪 70 年代起致力于气候变化经济学研究，曾在美国科学院气候变化委员会等
多个学术机构任职，出版了一系列气候变化经济学专著。他与萨缪尔森合著了著名教
科书《经济学》。他开发的气候变化综合评估模型 DICE/RICE 是气候经济领域经典
之作。

　　以前的温度波动是由大规模的自然过程引起的，而目前的温度变暖主要是由人类
原因造成的。事实上，人们对于全球变暖的认识非常模糊。气候变暖到真正影响地球
的程度尚早，而这导致人们很难重视这一问题。梁小民把这称为人的"近视眼"，只
能看眼前而看不见远处 [①]。诺德豪斯在书中也表达了类似的观点，人们只能看到现在
的生活，很难看到未来的环境变暖的结果。从这个角度出发，诺德豪斯创作《气候赌
场》一书的目的，就是向大众普及气候变化的知识，让公众接受正确的观点并参与减
缓全球变暖，让政府愿意采取措施，也让世界各国人民认识到这个问题并进行合作。

　　面对气候变化带来的巨大冲击，我们必须做出响应，提高面对气候风险的防控
能力，从而减少气候变化给人类带来的不利影响，进而达到趋利避害，实现人类社会
的可持续发展的目的。但是这种响应行为必须需要科学专业的评估，因为正确的响应
可以减轻甚至消除全球气候变化带来的不利影响，相反，错误的响应既可能浪费全球
气候变化带来的机遇，更可能会加重全球气候变化的不利影响，甚至导致灾难性的
后果。

减缓全球气候变化

　　减缓全球气候变化，是针对主要由人类活动所导致的全球气候变化而采取的控制
全球气候变化速度的措施，所针对的主体是地球系统，目的是在全球气候变化达到某
一临界值之前，通过控制或减缓全球气候变化的某些关键过程来减轻全球气候变化的
影响，一般以减少收益或增加投资为代价；但短期的经济损失有可能换来长远的可持
续发展。

　　所谓减缓，主要是指通过各种政策、措施和手段减少温室气体的排放，与此同
时，改善这些温室气体的"储存器"（如森林、海洋和土壤），以试图减缓气候变化的
进程。减缓气候变化受广泛的社会经济政策影响，反过来又对社会经济的发展产生影

---

① 　内容引自：新京报书评周刊文章《面对全球变暖，经济学能带我们走出困境吗？》｜文化客厅
（气候赌场）书评。

响。温室气体排放方案以及相应的减排措施可有多种选择，取决于不同国家社会、经济、技术状况和发展途径，以及稳定大气中温室气体的要求。减缓全球气候变化的具体措施包括，全面废止氯氟烃使用、控制森林破坏、提高能源利用率、更新能源结构使用洁净能源、通过政策和经济措施强制性地限制消费等，这些措施从根本上讲可以归结为减少人为温室气体排放和增加温室气体吸收两个方面。但这肯定不能立竿见影，即使现在全球不再排放二氧化碳，大气里的二氧化碳浓度要降低到工业革命前的水平也需要几十年的时间。

适应全球气候变化

适应气候变化是指自然和人类系统对于实际发生的或预期可能发生的气候变化及其影响作出的调整或改变，以达到趋利避害的目的。IPCC 对气候变化适应的定义明确了 3 个方面的关键内容：第一，明确了气候变化的受体，即自然或者人类系统；第二，明确了适应气候变化的内容与途径，即对实际或者预期的气候变化及其影响作出相应的调整；第三，适应的目的是避害趋利。为了应对当前的气候变化，适应主要是通过调整现有系统来减少气候风险和脆弱性。

目前，全世界各个国家存在许多适应方案，并被用于帮助管理预计的气候变化影响。但这些适应方案的实施取决于治理和决策过程的能力及有效性。根据 IPCC 第六次评估报告显示，全球至少 170 个国家和许多城市的各个部门及区域采取了适应方案。这些在应对气候变化适应方案规划和实施方面都取得了不同程度进展，产生了多重效益，比如在农业生产力、创新、健康和福祉、粮食安全、生计和生物多样性保护，以及减少风险和损害等方面的进步。

然而，目前的适应水平相较于应对气候变化影响和减少气候变化风险所需的适应水平之间仍存在差距。这些差距在低收入群体中反映最明显。产生的一部分原因是资金缺口不断扩大。大多数已有的适应方案存在分散、规模小、渐进式、针对特定部门等特点，并且这些适应方案主要用以应对当前的影响或近期风险，更多地侧重于规划而非实施。这样的适应方案很可能致使社会减少了转型适应的机会。未来 10 年内，长时间规划、长时间实施和加速执行的适应方案对于已有差距显得尤为重要。

减少人类和自然应对气候变化风险存在可行且有效的策略，但其实施应该是因地制宜、因时制宜的。气候变化适应涉及到人类社会、经济和生态的方方面面，可以在不同尺度上开展，既涉及个人、组织的参与，也需要国家、区域层面的合作实践。因此，不同适应方案选择的适应策略也是多样的。气候变化对不同的行业和区域带来的影响不同，需要针对具体问题采取相应的适应策略，即使是同样的行业，由于气候变化的影响程度不同，适应策略也是不同的。适应的策略应该是因地制宜、灵活多样的，且分层次制定和实施。从气候变化适应策略的技术方法层面主要可分为4类：工程措施、重点领域的新型技术方法、管理服务类举措以及基于自然的解决方法。IPCC第六次评估报告中介绍了众多气候变化适应策略。

1. 自然要素及生态系统的适应策略

水：转变水资源管理思路，建设节水型社会；实施水资源保护，维护可再生能力；强化非常规水源利用，实现多种水源综合。

森林：恢复天然森林，提高植被覆盖率，可持续的森林管理，多样化树种组成，管理病虫害和野火，与当地人合作共同保护森林等。

生态系统：系统监测生物多样性对气候变化的响应，恢复退化区域，评估脆弱性，增加保护区或生存的避难区，恢复自然河流／湿地，建设沿海湿地等。

2. 城市发展和乡村发展的适应策略

城市发展：应急服务提供，生计多样化，不同行政级别的综合和长期规划，充分利用自然环境的建筑工程，地面沉降治理，沿海低地／岛屿定居点搬迁等。

乡村发展：资金支持，公共工程建设，教育普及，减贫脱困等。

农业发展和粮食安全：合理管理农田用水，加强水土保持，品种改良，农林复合经营，农场多样化，基于生态学原则管理农业，调整农业种植结构和布局，发展现代农业技术，改善农业基础设施与条件，提高农业综合生产能力和防灾减灾水平，加强区域粮食供给系统，减少食物损失和浪费，支持均衡饮食等。

3. 基础设施和基础服务的适应策略

能源供需：优化基础设施（如设计标准、智能化技术），能源发电多样化，需求侧管理等。

灾害防御：合并、共享有利于灾害风险管理、早期预警系统、气候服务等；加强内陆洪水、早期预警系统等非工程措施和堤防等工程措施的结合等。

卫生保健：增加健康投资，极端天气的预警和相应疾病的应对系统建设，改善饮水、食品卫生条件，传染病监测和预警系统建设，疫苗研发，心理社会影响监测等。

人口流动：减少气候移民负面影响，减少地区冲突，促进妇女权利等。

国际治理

温室气体排放是局域性的，但排放后果的承担却是全球性的。全球气候变化是人类社会可持续发展面临的共同挑战，应对全球气候变化需要国际合作。自1979年世界气象组织（WMO）召开第一次世界气候变化大会呼吁保护全球气候，到1990年国际气候谈判拉开帷幕，人类应对气候变化进入了制度化、法律化的轨道。在应对全球气候变化的国际合作中，世界各国通过协商取得了一系列重要成果。

国际治理的一条重要渠道是以《联合国气候变化框架公约》为指引的气候公约机制，缔约国通过协商谈判、缔结协约、分工合作地应对全球气候变化。

1992 年 6 月，联合国环境与发展大会上与会各国签署了《联合国气候变化框架公约》（以下简称《公约》），由与会的 154 个国家以及欧洲共同体的元首或高级代表共同签署，1994 年 3 月正式生效，奠定了世界各国紧密合作应对气候变化的国际制度基础。《公约》明确了发达国家应承担率先减排和向发展中国家提供资金、技术支持的义务。《公约》确立的"共同但有区别的责任"原则，成为开展气候变化国际合作的基础。截至 2016 年 6 月，共有 197 个协约国加入了《公约》。由于《公约》只是一般性地确定了温室气体减排目标，没有法律约束力，因此，第一次《公约》缔约方大会（1995 年召开）决定进行谈判以达成一个有法律约束力的议定书。

1997 年 12 月在日本京都召开的《公约》第三次缔约方大会达成了具有里程碑意义的《〈联合国气候变化框架公约〉京都议定书》（以下简称《京都议定书》）。这是人类历史上第一个具有法律约束力的国际环保协议。作为《公约》第一个执行协议从谈判到生效时间较长，期间经历诸多波折，最终于 2005 年正式生效。《京都议定书》为发达国家设立强制减排目标，并引入排放贸易、联合履约和清洁发展机制 3 个灵活机制。根据这份议定书，从 2008 年到 2012 年，主要工业发达国家的温室气体排放量要在 1990 年的基础上平均减少 5.2%。

2015 年 12 月，《公约》缔约方达成《巴黎协定》，2016 年 11 月 4 日正式生效，为 2020—2030 年全球应对气候变化行动作出安排。《巴黎协定》是通过多次谈判，最终达成的国际气候协议，内容涵盖温室气体减排、气候变化适应以及国际资金机制，是国际社会应对气候变化实现人类可持续发展目标的第三个里程碑式的国际条约。《巴黎协定》不再强制性分配温室气体减排量，所有缔约国将以"自主贡献"的方式参与全球应对气候变化行动，即每个国家根据本国国情，承诺自己的减排目标。全球已有 186 个国家递交了国家自主贡献方案，但尚不足以实现 2 ℃的升温控制目标。要实现 2 ℃的升温控制目标，需要国际社会更进一步的努力。

对于全球变暖的科学共识是国际治理的基础，联合国政府间气候变化专门委员会（IPCC）为人类对气候变化的科学认知做出了重要贡献。

IPCC 是世界气象组织（WMO）及联合国环境规划署（UNEP）于 1988 年联合建立的政府间机构，旨在对气候变化的关键认知进行阶段性综合审议并提出建议。IPCC 下设 3 个工作组，全面总结气候变化的驱动因素、影响和未来风险，以及如何缓解、适应和降低这些风险；对气候变化科学知识的现状，气候变化对社会、经济的潜在影响，以及如何适应和减缓气候变化的可能对策进行评估。每个工作组（专题组）设两名联合主席，分别来自发展中国家和发达国家。

1990 年，IPCC 第一次评估报告说明了导致气候变化的人为原因为发达国家近 200 年工业化发展大量消耗化石能源的结果，首次将气候问题提到政治高度上，促使各国开始就全球变暖问题进行谈判，为《公约》的谈判过程提供了最新的科学和社会经济信息，进一步推动了《公约》的进程。1995 年，第二次评估报告指出，如果不对持续增长的温室气体排放加以限制，到 2100 年全球气温将上升 1.0～3.5 ℃，因此全球需要大量减排。并提出采用市场机制促进全球减排合作的设想，推动了《京都议定书》的通过。2001 年，第三次评估报告指出，近 50 年观测到的大部分增暖可能因于人类活动造成的温室气体浓度上升，尤其是近 50 年来人为温室气体排放在大气中的浓度超出了过去几十万年间的任何时间，报告还指出，气候变化将从经济、社会和环境 3 个方面对可持续发展产生重大影响，同时也将影响贫困和公平等重要议题，促进《公约》谈判中增加了新的常设议题。2007 年，第四次评估报告明确指出，近半个世纪以来的气候变化"很可能"是人类活动所致，人为增暖使许多自然和生物系统发生了显著变化。全球变暖的遏制需要相应治理措施，越早治理效果越好成本越低。第四次评估报告对所有国家"共同但有区别"的量化减排的提出奠定了科学基础。2013—2011 年，第五次评估报告进一步证实了人类活动和全球变暖的因果关系，引入其后风险管理概念，明确提出如果全球平均温度超过 2 ℃或以上将会带来更大的风险，也就是 2 ℃温控目标。《巴黎协定》最终将《公约》提出的定性长期目标进行了量化表述，2 ℃的温控目标被以法律文件的形式写入了全球治理的进程中。

2021—2023 年，IPCC 第六次评估的各报告相继开始发布。报告再次确认，人类活动影响已造成大气、海洋和陆地变暖是毋庸置疑的。全球气候正经历着前所未有的变化，工业化以来全球地表平均增温中约 1.07 ℃是人类活动所导致。气候变化对人类和自然生态系统的影响比预期更为广泛和严重，未来多种气候变化风险呈现复杂化趋势。最脆弱人群和生态系统遭受损失和损害尤为严重。未来几十年内如果不在全球范围内进行二氧化碳和其他温室气体的大幅减排，全球升温将在 21 世纪内超过 1.5 ℃和 2 ℃。目前全球减排力度远远不足，要将全球温升水平控制在 2 ℃以内，就需在 21 世纪 70 年代初期实现全球二氧化碳净零排放；要将全球温升水平控制在 1.5 ℃以内，则需到 21 世纪 50 年代初期实现全球二氧化碳净零排放。

除了法律层面的《公约》及科学层面的 IPCC，还有各国峰会、行业标准和贸易制度等方式可以用于气候变化的国际治理，但也要清醒地认识到各种治理机制背后的利益团体诉求。

实现碳中和的技术和城市发展案例

碳中和的关键技术

碳达峰是指碳的排放量达到峰值不再增长，之后将逐渐下降。碳中和是指碳的排放量和清除量基本达到平衡，实现净零排放。实现"双碳"目标，科技创新是重要保障。"双碳"领域的关键技术大致可分为 3 类：低碳技术、零碳技术和负碳技术。

1. 低碳技术

低碳技术是指从过程控制现有工业过程的节能减排技术（图 5-1）。主要包括围绕化石能源绿色开发、低碳利用、减污降碳等相关技术，如低碳建筑、低碳工业、低碳交通等领域相关技术，以及多能互补耦合、智慧环保、新型低碳环保材料等源头减排关键技术等。

2. 零碳技术

零碳技术是指从源头控制的绿色能源技术（图 5-2）。主要包括开发新型太阳能、风能、地热能、海洋能、生物质能、核能等电力技术以及机械能、热化学、电化学等储能技术。高比例可再生能源并网、特高压输电、新型直流配电、分布式能源等先进能源互联网技术，可再生能源/资源制氢、储氢、运氢和用氢技术以及低品位余热利用等零碳非电能源技术。

3. 负碳技术

负碳技术是指从末端控制的二氧化碳捕集、利用和封存（Carbon Capture, Utilization and Storage，简称 CCUS）一直被认为是减少化石能源发电和工业过程中二氧化碳排放的关键技术（图 5-3）。主要包括二氧化碳地质利用、二氧化碳高效转化燃料化学品、直接空气二氧化碳捕集、生物炭土壤改良等碳负排技术。

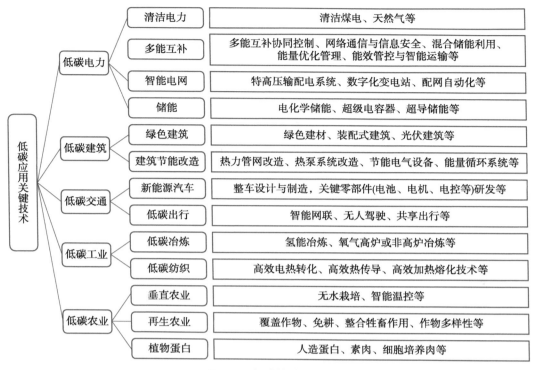

图 5-1　低碳的关键技术

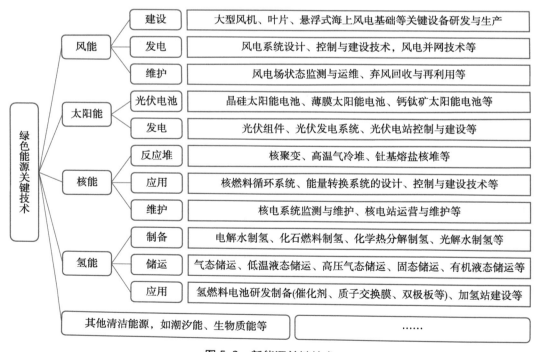

图 5-2　新能源关键技术

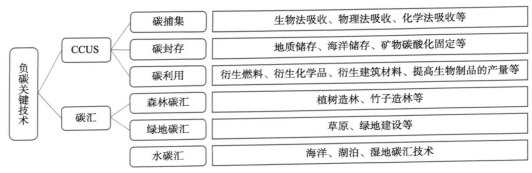

图 5-3 负碳的关键技术

来自城市发展的启示

在城市化快速进程中，不确定性的多元干扰对城市发展造成威胁，如何增强城市吸收、抵御、适应与学习能力是亟待解决的热点议题。

1. 韧性城市

韧性最早被物理学家用来描述材料在外力作用下形变之后的复原能力。1973 年，加拿大生态学家霍林首次将韧性概念引入到生态系统研究中，定义为"生态系统受到扰动后恢复到稳定状态的能力"。自 20 世纪 90 年代以来，学者们对韧性的研究逐渐从生态学领域扩展到社会—生态系统研究中，韧性的概念也经历了从工程韧性、生态韧性到演进韧性的发展和演变，其外延不断扩大，内涵不断丰富，受关注度也不断攀升。2002 年联合国可持续发展全球峰会上提出城市韧性。党的十九届五中全会首次提出建设"韧性城市"，其目的正是有效应对各种变化和冲击，减少城市发展中的脆弱性。韧性城市作为城市应对不确定性风险的新兴理念范式，对提高城市韧性水平与应变能力具备指导意义。

所谓韧性城市是指城市具有消化和吸收外界干扰，保持原有主要特征、结构和关键功能的能力。也有学者认为，城市韧性是一个城市的个人、社区和系统在经历各种慢性压力和急性冲击下存续、适应和成长的能力。韧性城市包含一些主要特征，如灵活性、冗余性、稳定性、智谋性、反思性、包容性和综合性（图 5-4）。

在中国生态城市研究院首席规划师赵燕菁看来，韧性包含两层含义：一是抗冲击，二是快修复。韧性城市意味着要像弹簧一样有张有弛，在出现不同类型的城市问题时能够从容应对。韧性城市不论是否能提前预料到灾难，城市的公民、企业和基础设施都有能力迅速抵御、适应和恢复。换而言之，韧性可以让城市变得不那么脆弱。

图 5-4　一图读懂"韧性城市"

【韧性城市案例：纽约】

　　纽约作为世界闻名的国际大都市，拥有雄厚的经济实力，但也面临着收入不平衡日益加剧、居住成本持续升高、核心基础设施不断老化等城市问题。为此，纽约市于 2015 年 4 月发布《一个强大而公正的纽约》城市发展规划，规划提出了 4 个具体的发展愿景，分别为增长和繁荣的城市、公正和公平的城市、可持续的城市以及有韧性的城市，其中可持续与有韧性均体现了韧性城市建设的基本思想。这表明，纽约不仅致力于成为世界最有活力的经济体，也强调要正视 21 世纪日益严峻的气候变化等潜在危机，计划通过增强社区、社会和经济的韧性，使每条街区更加安全，建设最可持续的超大城市。

　　纽约规划中提出了多项韧性城市建设举措，这些措施涵盖基础设施韧性、经济韧性、社会韧性和制度韧性 4 个维度：第一，在基础设施韧性方面，加强应急准备和规划，调整区域基础设施系统；强化海防线以应对全球变暖带来的洪水和海平面上涨，为重要的沿海保护项目吸引新资金。第二，在经济韧性方面，重点监督建筑、电力、运输和固体废物四大关键行业的温室气体排放，以应对气候变化。第三，在社会韧性方面，加强并完善社区组织，强调社区在应急行动中的基础性作用。第四，在制度韧性方面，调整政府部门应对洪水、气候变化、空气污染等突发事件的应急方案，完善专项计划与相关制度设计。

2. 海绵城市

海绵城市，是新一代城市雨洪管理概念，是指城市在适应环境变化和应对雨水带来的自然灾害等方面具有良好的"弹性"，也可称之为"水弹性城市"（图5-5）。国际通用术语为"低影响开发雨水系统构建"。

渗　自然入渗，涵养地下水

滞　错峰，延缓峰现时间，降低峰值流量

蓄　为雨水资源化利用创造条件

净　减少面源污染，改善城市水环境

用　充分利用水资源

排　安全排放，确保安全

图 5-5　海绵城市结构示意图

海绵城市在生态文明建设背景下，基于城市水文循环，重塑城市、人、水新型关系的新型城市发展理念，通过加强城市规划建设管理，充分发挥建筑、道路和绿地、水系等生态系统对雨水的吸纳、蓄渗和缓释作用，有效控制雨水径流，实现自然积存、自然渗透、自然净化的城市发展方式。其建设能有效缓解快速城市化过程中的各种水问题，有效改善城市热岛效应等生态问题，创造具备生态和景观等功能的公共空间，是修复城市水生态、涵养水资源，增强城市防涝能力，扩大公共产品有效投资，提高新型城镇化质量，增强市民的获得感和幸福感，促进人与自然和谐发展的有力手段。通过在下雨时吸水、蓄水、渗水、净水，需要时将蓄存的水"释放"并加以利用。2017年3月5日，第十二届全国人民代表大会第五次会议上，李克强总理在政府工作报告中提到：统筹城市地上地下建设，再开工建设城市地下综合管廊2000公里以上，启动消除城区重点易涝区段三年行动，推进海绵城市建设，使城市既有"面子"，更有"里子"。

海绵城市作为近年来出现的一种城市规划理念，其主要目的是尽可能地减轻城市的洪涝灾害和水资源短缺问题。在海绵城市建设中，雨水是至关重要的一环。普通城市在下雨时，往往会出现道路积水、居民楼前的草坪浸泡在水中等情况。这些都是由于缺乏雨水排放系统导致的。而在海绵城市中，可以利用多种方法来回收和利用雨水，比如说绿色屋顶、雨水花园、河道植被等。

（1）海绵城市雨水收集

首先来说绿色屋顶。绿色屋顶可以有效地利用雨水，减轻城市排水系统的负担。在雨季来临时，绿色屋顶上的植被和土壤会吸收雨水，将水分存储在植被和土壤的层次中。这样一来，在下一轮干旱时，植被和土壤就可以逐渐释放出它们所保存的雨水，为城市内的环境提供水源。这不仅能够解决雨水排放的问题，同时也可以提高城市绿化水平。

（2）雨水花园

雨水花园是海绵城市建设中常见的一种设计方案。在这个方案中，花园被设计成可以收集雨水的区域。当下雨时，雨水会被自然地收集到花园中，经过植物和生物的过滤及净化，再通过排水管道进入河流或生态池中。雨水花园建设如想部署在城市里，还可以创造新的公共空间，增加居民的文化娱乐空间。

（3）河道植被

河道植被是一种非常重要的生态保护措施。城市内的河流如果没有被很好地治理，就会成为洪涝灾害的重灾区。在海绵城市建设中，可以选择一些能够吸收雨水的植物种植在河道周边，这样就能够吸收部分降雨带来的过多水分，有效地减轻城市排水系统的压力。

总体来说，海绵城市建设的目的是在提高城市环境质量的同时，创造更加友好的城市环境。雨水的去处是海绵城市建设中一个非常重要的环节。借助各种设计方案，可以将雨水转化为一个可持续利用的资源，并有力减轻了城市在雨水排放和洪涝灾害方面的压力。苏州海绵城市规划结构图见图 5-6。

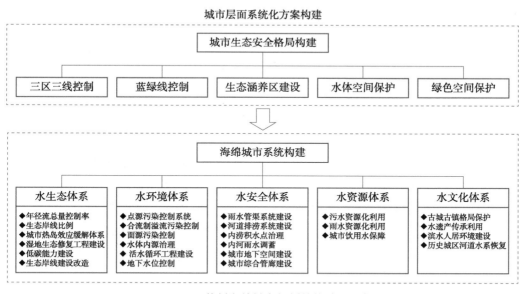

图 5-6　苏州海绵城市规划结构（部分）

③ 中国应对气候变化的行动

中国应对气候变化的政策

为应对气候变化，迄今已有 130 多个国家和地区提出了碳中和或净零排放目标。2020 年 9 月 22 日，习近平主席在第 75 届联合国大会一般性辩论上郑重宣布："中国将提高国家自主贡献力度，采取更加有力的政策和措施，二氧化碳排放力争于 2030 年前达到峰值，努力争取 2060 年前实现碳中和。"2021 年 10 月，中国正式提交《中国落实国家自主贡献成效和新目标新举措》和《中国本世纪中叶长期温室气体低排放发展战略》，这是中国履行《巴黎协定》的具体举措，体现了中国推动绿色低碳发展、积极应对全球气候变化的决心和努力。

2021 年以来，中国积极落实《巴黎协定》，进一步提高国家自主贡献力度，围绕碳达峰碳中和目标，有力有序有效推进各项重点工作，取得显著成效。中国已建立起碳达峰碳中和"1+N"政策体系，制定中长期温室气体排放控制战略，推进全国碳排放权交易市场建设，编制实施国家适应气候变化战略。"1+N"政策体系中的"1"由《中共中央、国务院关于完整准确全面贯彻新发展理念做好碳达峰碳中和工作的意见》《2030 年前碳达峰行动方案》两个文件共同构成，表 5-1 为这两个文件中关于主要指标达到的目标及实现年份整理。"N"是重点领域、重点行业实施方案及相关支撑保障方案，包括能源、工业、城乡建设、交通运输、农业农村等领域分行业碳达峰实施方案和科技、财政、金融、价格、碳汇、能源转型、减污降碳协同等保障方案。在此基础上，各省、区、市均已制定了本地区碳达峰实施方案。我国总体上已构建起目标明确、分工合理、措施有力、衔接有序的碳达峰碳中和政策体系。

《2030 年前碳达峰行动方案》提出，2030 年中国单位国内生产总值二氧化碳排放将比 2005 年下降 65% 以上，非化石能源占一次能源消费比重将达到 25% 左右，森林蓄积量将比 2005 年增加 60 亿立方米，风电、太阳能发电总装机容量将达到 12 亿千瓦以上。同时重点部署了"十四五""十五五"期间实施的"碳达峰十大行动"。

表 5-1 《中共中央、国务院关于完整准确全面贯彻新发展理念做好碳达峰碳中和工作的意见》与
《2030 年前碳达峰行动方案》两文件中的主要指标目标 [①]

指标	目标	实现年份	文件来源
单位 GDP 能耗	比 2020 年下降 13.5%	2025	意见、方案
	大幅下降	2030	意见
单位 GDP 二氧化碳排放	比 2020 年下降 18%	2025	意见、方案
	比 2005 年下降 65% 以上	2030	意见、方案
非化石能源消费比重	20% 左右	2025	意见、方案
	25% 左右	2030	意见、方案
	80% 左右	2060	意见、方案
能源利用效率	重点行业能源利用效率大幅提升	2025	意见、方案
	重点耗能行业能源利用效率达到国际先进水平	2030	意见、方案
	能源利用效率达到国际先进水平	2060	意见
碳汇	森林覆盖率达到 24.1%，森林蓄积量达到 180 亿立方米	2025	意见
	森林覆盖率达到 25% 左右，森林蓄积量达到 190 亿立方米	2030	意见

①能源绿色低碳转型行动。推进煤炭消费替代和转型升级，大力发展新能源，因地制宜开发水电，积极安全有序发展核电，合理调控油气消费，加快建设新型电力系统。

②节能降碳增效行动。全面提升节能管理能力，实施节能降碳重点工程，推进重点用能设备节能增效，加强新型基础设施节能降碳。

③工业领域碳达峰行动。推动工业领域绿色低碳发展，实现钢铁、有色金属、建材、石化化工等行业碳达峰，坚决遏制高耗能高排放项目盲目发展。

④城乡建设碳达峰行动。推进城乡建设绿色低碳转型，加快提升建筑能效水平，加快优化建筑用能结构，推进农村建设和用能低碳转型。

⑤交通运输绿色低碳行动。推动运输工具装备低碳转型，构建绿色高效交通运输体系，加快绿色交通基础设施建设。

⑥循环经济助力降碳行动。推进产业园区循环化发展，加强大宗固废综合利用，健全资源循环利用体系，大力推进生活垃圾减量化资源化。

⑦绿色低碳科技创新行动。完善创新体制机制，加强创新能力建设和人才培养，强化应用基础研究，加快先进适用技术研发和推广应用。

---

① 数据来源为《中共中央、国务院关于完整准确全面贯彻新发展理念做好碳达峰碳中和工作的意见》《2030 年前碳达峰行动方案》。

⑧碳汇能力巩固提升行动。巩固生态系统固碳作用，提升生态系统碳汇能力，加强生态系统碳汇基础支撑，推进农业农村减排固碳。

⑨绿色低碳全民行动。加强生态文明宣传教育，推广绿色低碳生活方式，引导企业履行社会责任，强化领导干部培训。

⑩各地区梯次有序碳达峰行动。科学合理确定有序达峰目标，因地制宜推进绿色低碳发展，上下联动制定地方达峰方案，组织开展碳达峰试点建设。

——2030 年前我国重点实施的"碳达峰十大行动"

来源：《2030 年前碳达峰行动方案》

2022 年 6 月，中国发布《国家适应气候变化战略 2035》，提出新时期中国适应气候变化工作的指导思想、主要目标和基本原则，依据各领域、区域对气候变化不利影响和风险的暴露度及脆弱性，划分自然生态系统和经济社会系统两个维度，明确了水资源、陆地生态系统、海洋与海岸带、农业与粮食安全、健康与公共卫生、基础设施与重大工程、城市人居环境、敏感二三产业等重点领域，多层面构建适应气候变化区域格局，将适应气候变化与国土空间规划结合，提出覆盖全国八大区域和京津冀、长江经济带、粤港澳大湾区、长三角、黄河流域等重大战略区域的适应气候变化行动，并进一步健全保障措施，为适应气候变化工作提供了重要指导和依据。

为介绍中国应对气候变化 2021 年以来的进展，分享中国应对气候变化实践和经验，增进国际社会了解，2022 年 10 月 27 日上午，在生态环境部 10 月例行新闻发布会上，生态环境部发布了《中国应对气候变化的政策与行动 2022 年度报告》（以下简称《2022 年度报告》）。《2022 年度报告》内容包括中国应对气候变化新部署、积极减缓气候变化、主动适应气候变化、完善政策体系和支撑保障、积极参与应对气候变化全球治理 5 个方面。同时，全面总结了 2021 年以来我国各领域应对气候变化新的部署和政策行动，展示我国应对气候变化工作的新进展和新成效，以及为推动应对气候变化全球治理所做出的贡献。《2022 年度报告》还阐述了中方关于《联合国气候变化框架公约》第 27 次缔约方大会（COP27）的基本立场和主张。

2023 年 3 月 5 日在第十四届人大政府工作报告中进一步强调了绿色低碳发展的重要性，报告指出要坚持绿水青山就是金山银山的理念，健全生态文明制度体系，处理好发展和保护的关系，不断提升可持续发展能力。稳步推进节能降碳。统筹能源安全稳定供应和绿色低碳发展，科学有序推进碳达峰碳中和。优化能源结构，实现超低排放的煤电机组超过 10.5 亿 kW，可再生能源装机规模由 6.5 亿 kW 增至 12 亿 kW 以上，清洁能源消费占比由 20.8% 上升到 25% 以上。全面加强资源节约工作，发展绿色产业和循环经济，促进节能环保技术和产品研发应用。提升生态系统碳汇能力。加强绿色发展金融支持。完善能耗考核方式。积极参与应对气候变化国际合作，为推动全球气候治理做出了中国贡献。

为满足绿色低碳发展的时代需求，积极践行生态文明理念，科学认识与把握气候变化规律，推进应对气候变化和防灾减灾工作，2023 年 7 月 8 日，中国气象局向社会公众发布《中国气候变化蓝皮书（2023）》，以翔实的科学数据客观地反映了中国、亚洲和全球气候变化的新事实、新趋势。书中提出，气候系统变暖趋势仍在持续，而中国又是全球气候变化的敏感区和影响显著区。我们只有坚定走绿色发展之路，推动共同构建人与自然生命共同体，争取早日实现碳达峰和碳中和。

我国在应对气候变化的过程中，也面临着的巨大的压力和挑战。比如从碳达峰到碳中和的时间来看，美国是 43 年，欧盟是 71 年，而我国只有 30 年。同时，我国的人均碳排放量虽然低于美国和俄罗斯，但仍然高于世界平均水平。面对巨大的挑战，中国仍然在碳达峰碳中和的路上取得了显著的成效，彰显大国风范。

减缓和适应气候变化的成果

中国一贯坚持减缓和适应气候变化并重，推进和实施适应气候变化重大战略并卓有成效。在高盛全球投资研究部报告表明，中国单位 GDP 产出的碳排放量大幅降低，在对比的多个国家当中，仅次于英国（图 5-7）。《2022 年排放差距报告：正在关闭的窗口期——气候危机急需社会快速转型》里指出，紧急的部门与系统范围的转型，包括电力供应、工业、运输和建筑部门，以及食品和金融系统，将有助于避免气候灾难。我们从前 4 个方面来看看中国采取的行动和取得的成果。

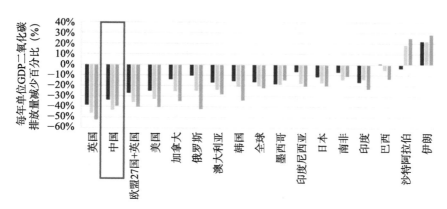

图 5-7　年度单位 GDP 的二氧化碳减排幅度（%）

（来源：高盛全球投资研究部）

1.电力供应方面

我国电力供应保障能力进一步增强，同时我国大力发展非化石能源，能源向绿色低碳转型步伐提速。截至2022年底，2022年新增非化石能源发电装机容量约1.5亿千瓦，占总新增装机容量的83.0%；新增非化石能源发电量约2500亿千瓦时，占总新增发电量的84.0%。

具体来看，风力发电量达到7624亿千瓦时，同比增长16.3%，占全国总发电量的8.8%，占非化石能源发电量约24.2%。全国风电、光伏利用率分别达到96.8%、98.3%。2022年光伏发电量4251亿千瓦时，较上年增长30.4%，占全国总发电量的4.9%，占非化石能源发电量的13.5%。

2022年全国电源结构持续优化，发电装机25.6亿千瓦，煤电装机占比降至43.8%，非化石能源装机占比提高至49.6%。其中，并网风电装机36 544万千瓦，同比增长11.2%；光伏装机39 204万千瓦，同比增长28.1%；常规水电装机36 771万千瓦，约占我国电源总装机的14.3%，占非化石能源发电装机容量的30%（图5-8）。

根据最新水力资源普查结果，我国水能资源技术可开发量为6.87亿千瓦。四川、云南两省水力资源开发程度分别为59.3%、64.4%。西藏地区水力资源开发程度仅为1.7%，水力资源开发潜力巨大。我国其他地区水力资源平均开发程度为88.1%。

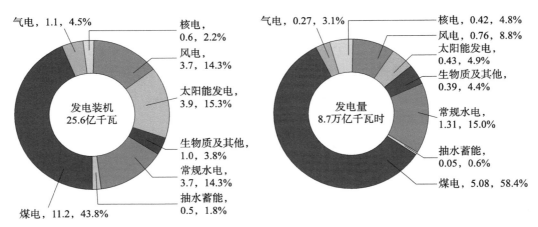

图5-8　2022年中国电源结构

（来源：电力规划设计总院，《2023年中国电力行业发展报告》）

在绿色低碳发展的过程中，能源技术也在不断提高，一方面能促进新能源的开发和使用，目前我国的大容量海上风机、海风无淡化海水制氢、超临界二氧化碳发电技术、潮汐能发电、水下油气生产等技术加速迭代升级；另一方面能提高化石燃料的利用效率。我国立足以煤为主的基本国情，持续推进煤炭清洁高效集中利用，大力推进煤电"三改联动"，2021年全国煤电完成节能降碳改造1.1亿千瓦，火电平均供电煤耗降至 302.5 克标准煤 / 千瓦时，比 2012 年下降了 6.9%。截至 2021 年底，累计实施节能降碳改造占煤电总装机容量的 93%，我国已建成世界最大的清洁煤电体系。

2. 工业方面

工业是我国能源消耗和二氧化碳排放最主要的领域之一，也是实现我国应对气候变化目标最重要的领域之一。"十三五"期间，工业碳排放占全国碳排放总量的比重超过 70%，以钢铁、有色、建材、石化、化工和电力为代表的高耗能行业占工业二氧化碳排放的 80% 左右。工业生产过程中排放的二氧化碳、含氟气体、氧化亚氮等占非化石能源燃烧温室气体排放的 60% 以上。未来随着工业化、城镇化进程的继续推进，六大高耗能行业碳排放量仍将呈现出一定的增长趋势，在能源结构保持以煤炭和石油等化石能源为主的情况下，未来我国工业领域对碳排放总量仍有一定的需求。

根据发达国家碳排放变化规律，在基本实现工业化时，碳排放强度将达到峰值，此后碳排放强度将随着其产业结构的优化升级、能源利用技术的进步而逐渐下降。2005—2018 年，根据 IEA 的数据，我国工业碳排放强度下降超过 50%。相比世界其他主要经济体，在后工业化时期，我国碳排放强度的下降速度较快。美国的碳排放强度从 1970 年的最高峰经过 32 年后才下降至此前约 50% 的水平。而经历同样的进程，英国、法国、德国分别耗时 27 年、25 年、22 年。日本的工业实力在战后迅速恢复，其碳排放强度于 1967 年达到峰值后耗时 49 年下降至此前约 50% 的水平。印度作为发展中大国，其碳排放强度在 1991 年达到峰值后的 26 年间，仅下降了约 32%（图 5-9）。

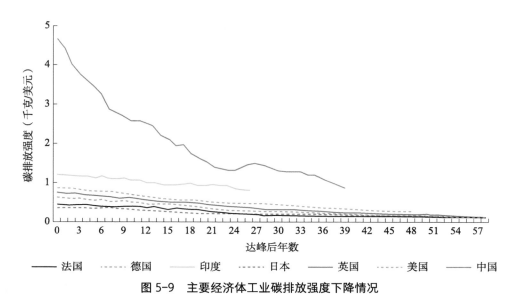

图 5-9　主要经济体工业碳排放强度下降情况

我国工业领域之所以取得显著减排成效，主要原因在于我国通过不断完善应对气候变化政策顶层设计，形成了不同重点行业，针对不同重点领域，多维度、全覆盖的工业低碳发展体系。我国在低碳绿色电力供应方面已取得了很大的成效，不断优化着工业的能源结构，加大可再生能源的使用力度。同时我国加大了工业领域的科技创新，由于低碳技术是推动工业降低碳排放总量和强度的重要推动力，所以我国非常重视工业节能减碳技术的发展，制造业主要产品中约有 40% 的产品能效接近或达到国际先进水平。重点耗能行业也在节能减碳先进技术的开发和应用上有所突破，推动产品单位能耗和碳排放强度下降，部分大型企业的工艺达到国际先进水平。

3. 运输方面

交通运输行业在全球与能源相关的温室气体（GHG）排放中占据很大比重。根据国际能源署的数据，全球 GHG 排放总量的近 1/4 来自公路运输、航空、水运和铁路运输。中国交通运输行业正处于高速发展阶段。从过去的交通运输发展趋势来看，中国运输装备规模持续提档升级，客货运输总量快速增长，交通基础设施网络加速完善。交通运输需求总量不断增长，随之产生的能源消耗和碳排放也将保持增长的趋势（图 5-10）。如何在满足持续增长运输需求的前提下尽早实现交通领域碳达峰是亟待解决的问题。

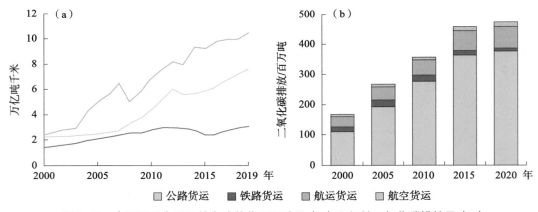

图 5-10　中国不同交通运输方式的货运活动量（a）和相关二氧化碳排放量（b）

（注：航空货运占货运活动总量的比重低于 0.1%，占货运排放总量的比重不足 3%，因此没有显示在左图中）

在公路运输领域，不断推广节能低碳型交通工具，新能源汽车继续延续快速增长势头，截至 2022 年 9 月，我国新能源汽车保有量为 1149 万辆，处于快速增加的态势。全国充电基础设施累计数量为 448.8 万台，同比增加 101.9%，桩车比达 1∶2.56。全国新能源公交车占比超过 71%，新能源汽车成为城市公共客运的主要交通工具。我国城市公共交通汽电车燃料类型持续优化，2021 年我国城市公共交通汽电车当中，新能源运营车辆数（包括纯电动车、混合动力车、氢能源车）达到 50.89 万辆，较 2020 年增加 4.28 万辆，占我国城市公共汽电车运营车辆总数的 71.7%。由于公路运输的碳排放量远高于其他运输方式，所以也在加快货物运输"公转铁""公转水"，以减少能耗，发挥铁路、水运在大宗物资长距离运输中的骨干作用。

在铁路运输领域，大力推进既有铁路电气化改造，降低铁路运输能耗。2021 年铁路电气化率达 73.3%，国家铁路单位运输工作量综合能耗比上年下降 3.9%。

在航空运输领域，实施民航绿色发展规划，继续支持行业单位加快推进机场运行电动化项目建设。截至 2021 年底，年旅客吞吐量 500 万人次以上机场飞机辅助动力装置（APU）替代设备安装率及使用率均超过 95%，2018 年以来累计节省航油约 64 万 t。

在城市公共交通领域，深入实施城市公共交通优先发展战略，持续深化国家公交都市建设，积极开展绿色出行创建行动，绿色出行水平不断提升。加快绿色交通基础设施建设，累计建成各类充电基础设施 261.7 万台，已建成加氢站 200 余座[①]。

4. 建筑方面

世界上大部分的能耗与自然消耗都来自于建筑物。建筑物的温室气体排放也一直居高不下。在城市地区，建筑物更是温室气体排放的最大来源之一，通常超过一个城市平均总排放量的一半以上。就连建筑物所需材料的温室气体排放也高得惊人，仅水泥就占全球温室气体排放量的 8%～10%。同时，全球每年新增建筑面积也在飞快上涨。如果不改变新建筑与既有建筑的设计、施工、运营方式，我们将无法减少人类对气候的影响，无法实现关键的二氧化碳排放目标。

我国目前正努力提升建筑能效水平，通过发布建筑节能与绿色建筑发展规划，推动实施建筑节能与可再生能源利用国家标准。截至 2021 年底，城镇太阳能光热建筑应用面积 50.7 亿平方米，浅层地热能建筑应用面积 4.7 亿平方米，太阳能光伏发电建筑应用装机 1816 万千瓦，城镇建筑可再生能源替代率达 6%；节能建筑占城镇民用建筑面积比例超过 63.7%，累计建设超低、近零能耗建筑面积超过 1390 万平方米；稳步推进北方采暖地区和夏热冬冷地区既有居住建筑节能改造。在保障住房安全性的同时降低能耗和农户采暖支出，提高农房节能水平。2021 年，公共机构单位建筑面积能耗、人均综合能耗和人均用水量同比下降 1.14%、1.32% 和 1.30%[②]。

气候变化是全人类面临的共同挑战，事关人类可持续发展。中国一贯高度重视应对气候变化工作，坚定走绿色发展之路，将应对气候变化摆在国家治理更加突出的位置，实施积极应对气候变化国家战略，将碳达峰碳中和纳入生态文明建设整体布局和经济社会发展全局，推动应对气候变化工作取得新进展。

---

① 数据来源为清华大学互联网产业研究院发布的《城市零碳交通白皮书 2022》。
② 数据来源为中华人民共和国生态环境部的《中国应对气候变化的政策与行动 2022 年度报告》。

参考文献

傅翠晓，庄珺，郑奕，2023.碳达峰、碳中和领域关键技术评估分析 [J].新能源科技，4（1）：6-11.

威廉·诺德豪斯，2019.气候赌场：全球变暖的风险、不确定性与经济学 [M].梁小民，译.上海：东方出版中心．

谢伏瞻，刘雅鸣，2020.应对气候变化报告（2020）[M].北京：社会科学文献出版社．

CHEN B，Chen F，CIAIS P，et al，2022 .Challenges to achieve carbon neutrality of China by 2060: status and perspectives[J]. Sci Bull（Beijing），67（20）:2030-2035. doi: 10.1016/j.scib.2022.08.25.